环境影响评价公众参与政策法规汇编

主　编　梁　鹏　任洪岩

副主编　郑韶青　樊春燕　何彦芳

中国环境出版社·北京

图书在版编目（CIP）数据

环境影响评价公众参与政策法规汇编/梁鹏，任洪岩主编.
—北京：中国环境出版社，2016.6
ISBN 978-7-5111-2822-5

Ⅰ. ①环… Ⅱ. ①梁… ②任… Ⅲ. ①环境影响—环境质量评价—政策—中国 ②环境影响评价法—汇编—中国 Ⅳ. ①X820.3②D922.68

中国版本图书馆 CIP 数据核字（2016）第 111388 号

出 版 人　王新程
责任编辑　李兰兰
责任校对　尹　芳
封面设计　宋　瑞

出版发行　中国环境出版社
（100062　北京市东城区广渠门内大街 16 号）
网　　址：http://www.cesp.com.cn
电子邮箱：bjgl@cesp.com.cn
联系电话：010-67112765（编辑管理部）
010-67112735（第一分社）
发行热线：010-67125803，010-67113405（传真）
印　　刷　北京中献拓方科技发展有限公司
经　　销　各地新华书店
版　　次　2016 年 6 月第 1 版
印　　次　2016 年 6 月第 1 次印刷
开　　本　787×960　1/16
印　　张　13
字　　数　220 千字
定　　价　33.00 元

前　言

2003 年 9 月，作为我国环评制度的纲领性法律，《中华人民共和国环境影响评价法》首次明确了环评中公众参与的法律地位。2006 年，国家环境保护总局印发了《环境影响评价公众参与暂行办法》。为有效畅通人民群众环境保护诉求的表达渠道，有力保障人民群众的环境权益，规范环境影响评价中的公众参与工作，《环境影响评价公众参与暂行办法》后又出台了一系列相关法律法规及环境保护政策等文件，地方环境保护主管部门也结合地方实际，制定了相应的环境影响评价公众参与的管理规定。

为促进环境影响评价工作中的公众参与工作顺利开展，学习借鉴各地的先进经验，环境保护部环境工程评估中心组织编写了《环境影响评价公众参与政策法规汇编》一书。本书可供环境影响评价管理人员、技术人员、企业等单位人员在开展环境影响评价公众参与工作中使用。

本书编写出版过程中，环境保护部、各省（自治区、直辖市）环境保护主管部门、环境影响评价机构给予了大力支持，中国环境出版社的领导和编校人员付出了辛勤的劳动，在此表示衷心的感谢。

编　者

2016 年 6 月

目　录

一、法律法规

中华人民共和国主席令

第九号

《中华人民共和国环境保护法》已由中华人民共和国第十二届全国人民代表大会常务委员会第八次会议于 2014 年 4 月 24 日修订通过，现将修订后的《中华人民共和国环境保护法》公布，自 2015 年 1 月 1 日起施行。

中华人民共和国主席　习近平

2014 年 4 月 24 日

中华人民共和国环境保护法

（1989 年 12 月 26 日第七届全国人民代表大会常务委员会第十一次会议通过 2014 年 4 月 24 日第十二届全国人民代表大会常务委员会第八次会议修订）

目　录

第一章　总　则

第一条　为保护和改善环境，防治污染和其他公害，保障公众健康，推进生态文明建设，促进经济社会可持续发展，制定本法。

第二条　本法所称环境，是指影响人类生存和发展的各种天然的和经过人工改造的自然因素的总体，包括大气、水、海洋、土地、矿藏、森林、草原、湿地、野生生物、自然遗迹、人文遗迹、自然保护区、风景名胜区、城市和乡村等。

第三条 本法适用于中华人民共和国领域和中华人民共和国管辖的其他海域。

第四条 保护环境是国家的基本国策。

国家采取有利于节约和循环利用资源、保护和改善环境、促进人与自然和谐的经济、技术政策和措施，使经济社会发展与环境保护相协调。

第五条 环境保护坚持保护优先、预防为主、综合治理、公众参与、损害担责的原则。

第六条 一切单位和个人都有保护环境的义务。

地方各级人民政府应当对本行政区域的环境质量负责。

企业事业单位和其他生产经营者应当防止、减少环境污染和生态破坏，对所造成的损害依法承担责任。

公民应当增强环境保护意识，采取低碳、节俭的生活方式，自觉履行环境保护义务。

第七条 国家支持环境保护科学技术研究、开发和应用，鼓励环境保护产业发展，促进环境保护信息化建设，提高环境保护科学技术水平。

第八条 各级人民政府应当加大保护和改善环境、防治污染和其他公害的财政投入，提高财政资金的使用效益。

第九条 各级人民政府应当加强环境保护宣传和普及工作，鼓励基层群众性自治组织、社会组织、环境保护志愿者开展环境保护法律法规和环境保护知识的宣传，营造保护环境的良好风气。

教育行政部门、学校应当将环境保护知识纳入学校教育内容，培养学生的环境保护意识。

新闻媒体应当开展环境保护法律法规和环境保护知识的宣传，对环境违法行为进行舆论监督。

第十条 国务院环境保护主管部门，对全国环境保护工作实施统一监督管理；县级以上地方人民政府环境保护主管部门，对本行政区域环境保护工作实施统一监督管理。

县级以上人民政府有关部门和军队环境保护部门，依照有关法律的规定对资源保护和污染防治等环境保护工作实施监督管理。

第十一条 对保护和改善环境有显著成绩的单位和个人，由人民政府给予奖励。

第十二条 每年 6 月 5 日为环境日。

第二章 监督管理

第十三条 县级以上人民政府应当将环境保护工作纳入国民经济和社会发展规划。

国务院环境保护主管部门会同有关部门，根据国民经济和社会发展规划编制国家环境保护规划，报国务院批准并公布实施。

县级以上地方人民政府环境保护主管部门会同有关部门，根据国家环境保护规划的要求，编制本行政区域的环境保护规划，报同级人民政府批准并公布实施。

环境保护规划的内容应当包括生态保护和污染防治的目标、任务、保障措施等，并与主体功能区规划、土地利用总体规划和城乡规划等相衔接。

第十四条 国务院有关部门和省、自治区、直辖市人民政府组织制定经济、技术政策，应当充分考虑对环境的影响，听取有关方面和专家的意见。

第十五条 国务院环境保护主管部门制定国家环境质量标准。

省、自治区、直辖市人民政府对国家环境质量标准中未作规定的项目，可以制定地方环境质量标准；对国家环境质量标准中已作规定的项目，可以制定严于国家环境质量标准的地方环境质量标准。地方环境质量标准应当报国务院环境保护主管部门备案。

国家鼓励开展环境基准研究。

第十六条 国务院环境保护主管部门根据国家环境质量标准和国家经济、技术条件，制定国家污染物排放标准。

省、自治区、直辖市人民政府对国家污染物排放标准中未作规定的项目，可以制定地方污染物排放标准；对国家污染物排放标准中已作规定的项目，可以制定严于国家污染物排放标准的地方污染物排放标准。地方污染物排放标准应当报国务院环境保护主管部门备案。

第十七条 国家建立、健全环境监测制度。国务院环境保护主管部门制定监测规范，会同有关部门组织监测网络，统一规划国家环境质量监测站（点）的设置，建立监测数据共享机制，加强对环境监测的管理。

有关行业、专业等各类环境质量监测站（点）的设置应当符合法律法规规定和监测规范的要求。

监测机构应当使用符合国家标准的监测设备，遵守监测规范。监测机构及其负责人对监测数据的真实性和准确性负责。

第十八条 省级以上人民政府应当组织有关部门或者委托专业机构，对环境状况进行调查、评价，建立环境资源承载能力监测预警机制。

第十九条 编制有关开发利用规划，建设对环境有影响的项目，应当依法进行环境影响评价。

未依法进行环境影响评价的开发利用规划，不得组织实施；未依法进行环境影响评价的建设项目，不得开工建设。

第二十条 国家建立跨行政区域的重点区域、流域环境污染和生态破坏联合防治协调机制，实行统一规划、统一标准、统一监测、统一的防治措施。

前款规定以外的跨行政区域的环境污染和生态破坏的防治，由上级人民政府协调解决，或者由有关地方人民政府协商解决。

第二十一条 国家采取财政、税收、价格、政府采购等方面的政策和措施，鼓励和支持环境保护技术装备、资源综合利用和环境服务等环境保护产业的发展。

第二十二条 企业事业单位和其他生产经营者，在污染物排放符合法定要求的基础上，进一步减少污染物排放的，人民政府应当依法采取财政、税收、价格、政府采购等方面的政策和措施予以鼓励和支持。

第二十三条 企业事业单位和其他生产经营者，为改善环境，依照有关规定转产、搬迁、关闭的，人民政府应当予以支持。

第二十四条 县级以上人民政府环境保护主管部门及其委托的环境监察机构和其他负有环境保护监督管理职责的部门，有权对排放污染物的企业事业单位和其他生产经营者进行现场检查。被检查者应当如实反映情况，提供必要的资料。实施现场检查的部门、机构及其工作人员应当为被检查者保守商业秘密。

第二十五条 企业事业单位和其他生产经营者违反法律法规规定排放污染物，造成或者可能造成严重污染的，县级以上人民政府环境保护主管部门和其他负有环境保护监督管理职责的部门，可以查封、扣押造成污染物排放的设施、设备。

第二十六条 国家实行环境保护目标责任制和考核评价制度。县级以上人民政府应当将环境保护目标完成情况纳入对本级人民政府负有环境保护监督管理职责的部门及其负责人和下级人民政府及其负责人的考核内容，作为对其考核评价的重要依据。考核结果应当向社会公开。

第二十七条 县级以上人民政府应当每年向本级人民代表大会或者人民代表大会常务委员会报告环境状况和环境保护目标完成情况，对发生的重大环境事件应当及时向本级人民代表大会常务委员会报告，依法接受监督。

第三章 保护和改善环境

第二十八条 地方各级人民政府应当根据环境保护目标和治理任务，采取有效措施，改善环境质量。

未达到国家环境质量标准的重点区域、流域的有关地方人民政府，应当制定限期达标规划，并采取措施按期达标。

第二十九条 国家在重点生态功能区、生态环境敏感区和脆弱区等区域划定生态保护红线，实行严格保护。

各级人民政府对具有代表性的各种类型的自然生态系统区域，珍稀、濒危的野生动植物自然分布区域，重要的水源涵养区域，具有重大科学文化价值的地质构造、著名溶洞和化石分布区、冰川、火山、温泉等自然遗迹，以及人文遗迹、古树名木，应当采取措施予以保护，严禁破坏。

第三十条 开发利用自然资源，应当合理开发，保护生物多样性，保障生态安全，依法制定有关生态保护和恢复治理方案并予以实施。

引进外来物种以及研究、开发和利用生物技术，应当采取措施，防止对生物多样性的破坏。

第三十一条 国家建立、健全生态保护补偿制度。

国家加大对生态保护地区的财政转移支付力度。有关地方人民政府应当落实生态保护补偿资金，确保其用于生态保护补偿。

国家指导受益地区和生态保护地区人民政府通过协商或者按照市场规则进行生态保护补偿。

第三十二条 国家加强对大气、水、土壤等的保护，建立和完善相应的调查、监测、评估和修复制度。

第三十三条 各级人民政府应当加强对农业环境的保护，促进农业环境保护新技术的使用，加强对农业污染源的监测预警，统筹有关部门采取措施，防治土壤污染和土地沙化、盐渍化、贫瘠化、石漠化、地面沉降以及防治植被破坏、水土流失、水体富营养化、水源枯竭、种源灭绝等生态失调现象，推广植物病虫害的综合防治。

县级、乡级人民政府应当提高农村环境保护公共服务水平，推动农村环境综合整治。

第三十四条 国务院和沿海地方各级人民政府应当加强对海洋环境的保护。向海洋排放污染物、倾倒废弃物，进行海岸工程和海洋工程建设，应当符合法律法规规定和有关标准，防止和减少对海洋环境的污染损害。

第三十五条 城乡建设应当结合当地自然环境的特点，保护植被、水域和自然景观，加强城市园林、绿地和风景名胜区的建设与管理。

第三十六条 国家鼓励和引导公民、法人和其他组织使用有利于保护环境的产品和再生产品，减少废弃物的产生。

国家机关和使用财政资金的其他组织应当优先采购和使用节能、节水、节材等有利于保护环境的产品、设备和设施。

第三十七条 地方各级人民政府应当采取措施，组织对生活废弃物的分类处置、回收利用。

第三十八条 公民应当遵守环境保护法律法规，配合实施环境保护措施，按照规定对生活废弃物进行分类放置，减少日常生活对环境造成的损害。

第三十九条 国家建立、健全环境与健康监测、调查和风险评估制度；鼓励和组织开展环境质量对公众健康影响的研究，采取措施预防和控制与环境污染有关的疾病。

第四章 防治污染和其他公害

第四十条 国家促进清洁生产和资源循环利用。

国务院有关部门和地方各级人民政府应当采取措施，推广清洁能源的生产和使用。

企业应当优先使用清洁能源，采用资源利用率高、污染物排放量少的工艺、设备以及废弃物综合利用技术和污染物无害化处理技术，减少污染物的产生。

第四十一条 建设项目中防治污染的设施，应当与主体工程同时设计、同时施工、同时投产使用。防治污染的设施应当符合经批准的环境影响评价文件的要求，不得擅自拆除或者闲置。

第四十二条 排放污染物的企业事业单位和其他生产经营者，应当采取措施，防治在生产建设或者其他活动中产生的废气、废水、废渣、医疗废物、粉尘、恶臭气体、放射性物质以及噪声、振动、光辐射、电磁辐射等对环境的污染和危害。

排放污染物的企业事业单位，应当建立环境保护责任制度，明确单位负责人和相关人员的责任。

重点排污单位应当按照国家有关规定和监测规范安装使用监测设备，保证监测设备正常运行，保存原始监测记录。

严禁通过暗管、渗井、渗坑、灌注或者篡改、伪造监测数据，或者不正常运行防治污染设施等逃避监管的方式违法排放污染物。

第四十三条 排放污染物的企业事业单位和其他生产经营者，应当按照国家有关规定缴纳排污费。排污费应当全部专项用于环境污染防治，任何单位和个人不得截留、挤占或者挪作他用。

依照法律规定征收环境保护税的，不再征收排污费。

第四十四条 国家实行重点污染物排放总量控制制度。重点污染物排放总量控制指标由国务院下达，省、自治区、直辖市人民政府分解落实。企业事业单位在执行国家和地方污染物排放标准的同时，应当遵守分解落实到本单位的重点污染物排放总量控制指标。

对超过国家重点污染物排放总量控制指标或者未完成国家确定的环境质量目标的地区，省级以上人民政府环境保护主管部门应当暂停审批其新增重点污染物排放总量的建设项目环境影响评价文件。

第四十五条 国家依照法律规定实行排污许可管理制度。

实行排污许可管理的企业事业单位和其他生产经营者应当按照排污许可证的要求排放污染物；未取得排污许可证的，不得排放污染物。

第四十六条 国家对严重污染环境的工艺、设备和产品实行淘汰制度。任何单位和个人不得生产、销售或者转移、使用严重污染环境的工艺、设备和产品。

禁止引进不符合我国环境保护规定的技术、设备、材料和产品。

第四十七条 各级人民政府及其有关部门和企业事业单位，应当依照《中华人民共和国突发事件应对法》的规定，做好突发环境事件的风险控制、应急准备、应急处置和事后恢复等工作。

县级以上人民政府应当建立环境污染公共监测预警机制，组织制定预警方案；环境受到污染，可能影响公众健康和环境安全时，依法及时公布预警信息，启动应急措施。

企业事业单位应当按照国家有关规定制定突发环境事件应急预案，报环境保护主管部门和有关部门备案。在发生或者可能发生突发环境事件时，企业事业单位应当立即采取措施处理，及时通报可能受到危害的单位和居民，并向环境保护主管部门和有关部门报告。

突发环境事件应急处置工作结束后，有关人民政府应当立即组织评估事件造成的环境影响和损失，并及时将评估结果向社会公布。

第四十八条 生产、储存、运输、销售、使用、处置化学物品和含有放射性物质的物品，应当遵守国家有关规定，防止污染环境。

第四十九条 各级人民政府及其农业等有关部门和机构应当指导农业生产经营者科学种植和养殖，科学合理施用农药、化肥等农业投入品，科学处置农用薄膜、农作物秸秆等农业废弃物，防止农业面源污染。

禁止将不符合农用标准和环境保护标准的固体废物、废水施入农田。施用农药、化肥等农业投入品及进行灌溉，应当采取措施，防止重金属和其他有毒有害物质污染环境。

畜禽养殖场、养殖小区、定点屠宰企业等的选址、建设和管理应当符合有关法律法规规定。从事畜禽养殖和屠宰的单位和个人应当采取措施，对畜禽粪便、尸体和污水等废弃物进行科学处置，防止污染环境。

县级人民政府负责组织农村生活废弃物的处置工作。

第五十条 各级人民政府应当在财政预算中安排资金，支持农村饮用水水源地保护、生活污水和其他废弃物处理、畜禽养殖和屠宰污染防治、土壤污染防治和农村工矿污染治理等环境保护工作。

第五十一条 各级人民政府应当统筹城乡建设污水处理设施及配套管网，固体废物的收集、运输和处置等环境卫生设施，危险废物集中处置设施、场所以及其他环境保护公共设施，并保障其正常运行。

第五十二条 国家鼓励投保环境污染责任保险。

第五章 信息公开和公众参与

第五十三条 公民、法人和其他组织依法享有获取环境信息、参与和监督环境保护的权利。

各级人民政府环境保护主管部门和其他负有环境保护监督管理职责的部门，应当依法公开环境信息、完善公众参与程序，为公民、法人和其他组织参与和监督环境保护提供便利。

第五十四条 国务院环境保护主管部门统一发布国家环境质量、重点污染源监测信息及其他重大环境信息。省级以上人民政府环境保护主管部门定期发布环境状况公报。

县级以上人民政府环境保护主管部门和其他负有环境保护监督管理职责的部门，应当依法公开环境质量、环境监测、突发环境事件以及环境行政许可、行政处罚、排污费的征收和使用情况等信息。

县级以上地方人民政府环境保护主管部门和其他负有环境保护监督管理职责的部门，应当将企业事业单位和其他生产经营者的环境违法信息记入社会诚信档案，及时向社会公布违法者名单。

第五十五条 重点排污单位应当如实向社会公开其主要污染物的名称、排放方式、排放浓度和总量、超标排放情况，以及防治污染设施的建设和运行情况，接受社会监督。

第五十六条 对依法应当编制环境影响报告书的建设项目，建设单位应当在编制时向可能受影响的公众说明情况，充分征求意见。

负责审批建设项目环境影响评价文件的部门在收到建设项目环境影响报告书后，除涉及国家秘密和商业秘密的事项外，应当全文公开；发现建设项目未充分征求公众意见的，应当责成建设单位征求公众意见。

第五十七条 公民、法人和其他组织发现任何单位和个人有污染环境和破坏生态行为的，有权向环境保护主管部门或者其他负有环境保护监督管理职责的部门举报。

公民、法人和其他组织发现地方各级人民政府、县级以上人民政府环境保护主管部门和其他负有环境保护监督管理职责的部门不依法履行职责的，有权向其上级机关或者监察机关举报。

接受举报的机关应当对举报人的相关信息予以保密，保护举报人的合法权益。

第五十八条 对污染环境、破坏生态，损害社会公共利益的行为，符合下列条件的社会组织可以向人民法院提起诉讼：

（一）依法在设区的市级以上人民政府民政部门登记；

（二）专门从事环境保护公益活动连续五年以上且无违法记录。

符合前款规定的社会组织向人民法院提起诉讼，人民法院应当依法受理。

提起诉讼的社会组织不得通过诉讼牟取经济利益。

第六章 法律责任

第五十九条 企业事业单位和其他生产经营者违法排放污染物，受到罚款处罚，被责令改正，拒不改正的，依法作出处罚决定的行政机关可以自责令改正之日的次日起，按照原处罚数额按日连续处罚。

前款规定的罚款处罚，依照有关法律法规按照防治污染设施的运行成本、违法行为造成的直接损失或者违法所得等因素确定的规定执行。

地方性法规可以根据环境保护的实际需要，增加第一款规定的按日连续处罚的违法行为的种类。

第六十条 企业事业单位和其他生产经营者超过污染物排放标准或者超过重点污染物排放总量控制指标排放污染物的，县级以上人民政府环境保护主管部门可以责令其采取限制生产、停产整治等措施；情节严重的，报经有批准权的人民政府批准，责令停业、关闭。

第六十一条 建设单位未依法提交建设项目环境影响评价文件或者环境影响评价文件未经批准，擅自开工建设的，由负有环境保护监督管理职责的部门责令停止建设，处以罚款，并可以责令恢复原状。

第六十二条 违反本法规定，重点排污单位不公开或者不如实公开环境信息的，由县级以上地方人民政府环境保护主管部门责令公开，处以罚款，并予以公告。

第六十三条 企业事业单位和其他生产经营者有下列行为之一，尚不构成犯罪的，除依照有关法律法规规定予以处罚外，由县级以上人民政府环境保护主管部门或者其他有关部门将案件移送公安机关，对其直接负责的主管人员和其他直接责任人员，处十日以上十五日以下拘留；情节较轻的，处五日以上十日以下拘留：

（一）建设项目未依法进行环境影响评价，被责令停止建设，拒不执行的；

（二）违反法律规定，未取得排污许可证排放污染物，被责令停止排污，拒不执行的；

（三）通过暗管、渗井、渗坑、灌注或者篡改、伪造监测数据，或者不正常运行防治污染设施等逃避监管的方式违法排放污染物的；

（四）生产、使用国家明令禁止生产、使用的农药，被责令改正，拒不改正的。

第六十四条 因污染环境和破坏生态造成损害的，应当依照《中华人民共和国侵权责任法》的有关规定承担侵权责任。

第六十五条 环境影响评价机构、环境监测机构以及从事环境监测设备和防治污染设施维护、运营的机构，在有关环境服务活动中弄虚作假，对造成的环境污染和生态破坏负有责任的，除依照有关法律法规规定予以处罚外，还应当与造成环境污染和生态破坏的其他责任者承担连带责任。

第六十六条 提起环境损害赔偿诉讼的时效期间为三年，从当事人知道或者应当知道其受到损害时起计算。

第六十七条 上级人民政府及其环境保护主管部门应当加强对下级人民政府及其有关部门环境保护工作的监督。发现有关工作人员有违法行为，依法应当给予处分的，应当向其任免机关或者监察机关提出处分建议。

依法应当给予行政处罚，而有关环境保护主管部门不给予行政处罚的，上级人民政府环境保护主管部门可以直接作出行政处罚的决定。

第六十八条 地方各级人民政府、县级以上人民政府环境保护主管部门和其他负有环境保护监督管理职责的部门有下列行为之一的，对直接负责的主管人员和其他直接责任人员给予记过、记大过或者降级处分；造成严重后果的，给予撤职或者开除处分，其主要负责人应当引咎辞职：

（一）不符合行政许可条件准予行政许可的；

（二）对环境违法行为进行包庇的；

（三）依法应当作出责令停业、关闭的决定而未作出的；

（四）对超标排放污染物、采用逃避监管的方式排放污染物、造成环境事故以及不落实生态保护措施造成生态破坏等行为，发现或者接到举报未及时查处的；

（五）违反本法规定，查封、扣押企业事业单位和其他生产经营者的设施、设备的；

（六）篡改、伪造或者指使篡改、伪造监测数据的；

（七）应当依法公开环境信息而未公开的；

（八）将征收的排污费截留、挤占或者挪作他用的；

（九）法律法规规定的其他违法行为。

第六十九条 违反本法规定，构成犯罪的，依法追究刑事责任。

第七章 附 则

第七十条 本法自 2015 年 1 月 1 日起施行。

中华人民共和国主席令

第七十七号

《中华人民共和国环境影响评价法》已由中华人民共和国第九届全国人民代表大会常务委员会第三十次会议于2002年10月28日通过，现予公布，自2003年9月1日起施行。

中华人民共和国主席　江泽民

二〇〇二年十月二十八日

中华人民共和国环境影响评价法

（2002年10月28日第九届全国人民代表大会常务委员会第三十次会议通过）

目　录

第一章　总　则

第一条　为了实施可持续发展战略，预防因规划和建设项目实施后对环境造成不良影响，促进经济、社会和环境的协调发展，制定本法。

第二条　本法所称环境影响评价，是指对规划和建设项目实施后可能造成的环境影响进行分析、预测和评估，提出预防或者减轻不良环境影响的对策和措施，进行跟踪监测的方法与制度。

第三条　编制本法第九条所规定的范围内的规划，在中华人民共和国领域和中华人民共和国管辖的其他海域内建设对环境有影响的项目，应当依照本法进行环境影响评价。

第四条 环境影响评价必须客观、公开、公正，综合考虑规划或者建设项目实施后对各种环境因素及其所构成的生态系统可能造成的影响，为决策提供科学依据。

第五条 国家鼓励有关单位、专家和公众以适当方式参与环境影响评价。

第六条 国家加强环境影响评价的基础数据库和评价指标体系建设，鼓励和支持对环境影响评价的方法、技术规范进行科学研究，建立必要的环境影响评价信息共享制度，提高环境影响评价的科学性。

国务院环境保护行政主管部门应当会同国务院有关部门，组织建立和完善环境影响评价的基础数据库和评价指标体系。

第二章　规划的环境影响评价

第七条 国务院有关部门、设区的市级以上地方人民政府及其有关部门，对其组织编制的土地利用的有关规划，区域、流域、海域的建设、开发利用规划，应当在规划编制过程中组织进行环境影响评价，编写该规划有关环境影响的篇章或者说明。

规划有关环境影响的篇章或者说明，应当对规划实施后可能造成的环境影响作出分析、预测和评估，提出预防或者减轻不良环境影响的对策和措施，作为规划草案的组成部分一并报送规划审批机关。

未编写有关环境影响的篇章或者说明的规划草案，审批机关不予审批。

第八条 国务院有关部门、设区的市级以上地方人民政府及其有关部门，对其组织编制的工业、农业、畜牧业、林业、能源、水利、交通、城市建设、旅游、自然资源开发的有关专项规划（以下简称专项规划），应当在该专项规划草案上报审批前，组织进行环境影响评价，并向审批该专项规划的机关提出环境影响报告书。

前款所列专项规划中的指导性规划，按照本法第七条的规定进行环境影响评价。

第九条 依照本法第七条、第八条的规定进行环境影响评价的规划的具体范围，由国务院环境保护行政主管部门会同国务院有关部门规定，报国务院批准。

第十条 专项规划的环境影响报告书应当包括下列内容：

（一）实施该规划对环境可能造成影响的分析、预测和评估；

（二）预防或者减轻不良环境影响的对策和措施；

（三）环境影响评价的结论。

第十一条 专项规划的编制机关对可能造成不良环境影响并直接涉及公众环境权益的规划，应当在该规划草案报送审批前，举行论证会、听证会，或者采取其他形式，征求有关单位、专家和公众对环境影响报告书草案的意见。但是，国家规定需要保密的情形除外。

编制机关应当认真考虑有关单位、专家和公众对环境影响报告书草案的意见，并应当在报送审查的环境影响报告书中附具对意见采纳或者不采纳的说明。

第十二条 专项规划的编制机关在报批规划草案时，应当将环境影响报告书一并附送审批机关审查；未附送环境影响报告书的，审批机关不予审批。

第十三条 设区的市级以上人民政府在审批专项规划草案，作出决策前，应当先由人民政府指定的环境保护行政主管部门或者其他部门召集有关部门代表和专家组成审查小组，对环境影响报告书进行审查。审查小组应当提出书面审查意见。

参加前款规定的审查小组的专家，应当从按照国务院环境保护行政主管部门的规定设立的专家库内的相关专业的专家名单中，以随机抽取的方式确定。

由省级以上人民政府有关部门负责审批的专项规划，其环境影响报告书的审查办法，由国务院环境保护行政主管部门会同国务院有关部门制定。

第十四条 设区的市级以上人民政府或者省级以上人民政府有关部门在审批专项规划草案时，应当将环境影响报告书结论以及审查意见作为决策的重要依据。

在审批中未采纳环境影响报告书结论以及审查意见的，应当作出说明，并存档备查。

第十五条 对环境有重大影响的规划实施后，编制机关应当及时组织环境影响的跟踪评价，并将评价结果报告审批机关；发现有明显不良环境影响的，应当及时提出改进措施。

第三章 建设项目的环境影响评价

第十六条 国家根据建设项目对环境的影响程度，对建设项目的环境影响评价实行分类管理。

建设单位应当按照下列规定组织编制环境影响报告书、环境影响报告表或者填报环境影响登记表（以下统称环境影响评价文件）：

（一）可能造成重大环境影响的，应当编制环境影响报告书，对产生的环境影响进行全面评价；

（二）可能造成轻度环境影响的，应当编制环境影响报告表，对产生的环境影响进行分析或者专项评价；

（三）对环境影响很小、不需要进行环境影响评价的，应当填报环境影响登记表。

建设项目的环境影响评价分类管理名录，由国务院环境保护行政主管部门制定并公布。

第十七条 建设项目的环境影响报告书应当包括下列内容：

（一）建设项目概况；

（二）建设项目周围环境现状；

（三）建设项目对环境可能造成影响的分析、预测和评估；

（四）建设项目环境保护措施及其技术、经济论证；

（五）建设项目对环境影响的经济损益分析；

（六）对建设项目实施环境监测的建议；

（七）环境影响评价的结论。

涉及水土保持的建设项目，还必须有经水行政主管部门审查同意的水土保持方案。

环境影响报告表和环境影响登记表的内容和格式，由国务院环境保护行政主管部门制定。

第十八条 建设项目的环境影响评价，应当避免与规划的环境影响评价相重复。

作为一项整体建设项目的规划，按照建设项目进行环境影响评价，不进行规划的环境影响评价。

已经进行了环境影响评价的规划所包含的具体建设项目，其环境影响评价内容建设单位可以简化。

第十九条 接受委托为建设项目环境影响评价提供技术服务的机构，应当经国务院环境保护行政主管部门考核审查合格后，颁发资质证书，按照资质证书规定的等级和评价范围，从事环境影响评价服务，并对评价结论负责。为建设项目环境影响评价提供技术服务的机构的资质条件和管理办法，由国务院环境保护行政主管部门制定。

国务院环境保护行政主管部门对已取得资质证书的为建设项目环境影响评价提供技术服务的机构的名单，应当予以公布。

为建设项目环境影响评价提供技术服务的机构，不得与负责审批建设项目环境影响评价文件的环境保护行政主管部门或者其他有关审批部门存在任何利益关系。

第二十条 环境影响评价文件中的环境影响报告书或者环境影响报告表，应当由具有相应环境影响评价资质的机构编制。

任何单位和个人不得为建设单位指定对其建设项目进行环境影响评价的机构。

第二十一条 除国家规定需要保密的情形外，对环境可能造成重大影响、应当编制环境影响报告书的建设项目，建设单位应当在报批建设项目环境影响报告书前，举行论证会、听证会，或者采取其他形式，征求有关单位、专家和公众的意见。

建设单位报批的环境影响报告书应当附具对有关单位、专家和公众的意见采纳或者不采纳的说明。

第二十二条 建设项目的环境影响评价文件，由建设单位按照国务院的规定报有审批权的环境保护行政主管部门审批；建设项目有行业主管部门的，其环境影响报告书或者环境影响报告表应当经行业主管部门预审后，报有审批权的环境保护行政主管部门审批。

海洋工程建设项目的海洋环境影响报告书的审批，依照《中华人民共和国海洋环境保护法》的规定办理。

审批部门应当自收到环境影响报告书之日起六十日内，收到环境影响报告表之日起三十日内，收到环境影响登记表之日起十五日内，分别作出审批决定并书面通知建设单位。

预审、审核、审批建设项目环境影响评价文件，不得收取任何费用。

第二十三条 国务院环境保护行政主管部门负责审批下列建设项目的环境影响评价文件：

（一）核设施、绝密工程等特殊性质的建设项目；

（二）跨省、自治区、直辖市行政区域的建设项目；

（三）由国务院审批的或者由国务院授权有关部门审批的建设项目。

前款规定以外的建设项目的环境影响评价文件的审批权限，由省、自治区、直辖市人民政府规定。

建设项目可能造成跨行政区域的不良环境影响，有关环境保护行政主管部门对该项目的环境影响评价结论有争议的，其环境影响评价文件由共同的上一级环境保护行政主管部门审批。

第二十四条 建设项目的环境影响评价文件经批准后，建设项目的性质、规模、地点、采用的生产工艺或者防治污染、防止生态破坏的措施发生重大变动的，建设单位应当重新报批建设项目的环境影响评价文件。

建设项目的环境影响评价文件自批准之日起超过五年，方决定该项目开工建设的，其环境影响评价文件应当报原审批部门重新审核；原审批部门应当自收到建设项目环境影响评价文件之日起十日内，将审核意见书面通知建设单位。

第二十五条 建设项目的环境影响评价文件未经法律规定的审批部门审查或者审查后未予批准的，该项目审批部门不得批准其建设，建设单位不得开工建设。

第二十六条 建设项目建设过程中，建设单位应当同时实施环境影响报告书、环境影响报告表以及环境影响评价文件审批部门审批意见中提出的环境保护对策措施。

第二十七条 在项目建设、运行过程中产生不符合经审批的环境影响评价文件的情形的，建设单位应当组织环境影响的后评价，采取改进措施，并报原环境影响评价文件审批部门和建设项目审批部门备案；原环境影响评价文件审批部门也可以责成建设单位进行环境影响的后评价，采取改进措施。

第二十八条 环境保护行政主管部门应当对建设项目投入生产或者使用后所产生的环境影响进行跟踪检查，对造成严重环境污染或者生态破坏的，应当查清原因、查明责任。对属于为建设项目环境影响评价提供技术服务的机构编制不实的环境影响评价文件的，依照本法第三十三条的规定追究其法律责任；属于审批部门工作人员失职、渎职，对依法不应批准的建设项目环境影响评价文件予以批准的，依照本法第三十五条的规定追究其法律责任。

第四章　法律责任

第二十九条 规划编制机关违反本法规定，组织环境影响评价时弄虚作假或者有失职行为，造成环境影响评价严重失实的，对直接负责的主管人员和其他直接责任人员，由上级机关或者监察机关依法给予行政处分。

第三十条 规划审批机关对依法应当编写有关环境影响的篇章或者说明而未编写的规划草案，依法应当附送环境影响报告书而未附送的专项规划草案，违法予以批准的，对直接负责的主管人员和其他直接责任人员，由上级机关或者监察机关依法给予行政处分。

第三十一条 建设单位未依法报批建设项目环境影响评价文件，或者未依照本法第二十四条的规定重新报批或者报请重新审核环境影响评价文件，擅自开工建设的，由有权审批该项目环境影响评价文件的环境保护行政主管部门责令停止建设，限期补办手续；逾期不补办手续的，可以处五万元以上二十万元以下的罚款，对建设单位直接负责的主管人员和其他直接责任人员，依法给予行政处分。

建设项目环境影响评价文件未经批准或者未经原审批部门重新审核同意，建设单位擅自开工建设的，由有权审批该项目环境影响评价文件的环境保护行政主管部门责令停止建设，可以处五万元以上二十万元以下的罚款，对建设单位直接负责的主管人员和其他直接责任人员，依法给予行政处分。

海洋工程建设项目的建设单位有前两款所列违法行为的，依照《中华人民共和国海洋环境保护法》的规定处罚。

第三十二条 建设项目依法应当进行环境影响评价而未评价，或者环境影响评价文件未经依法批准，审批部门擅自批准该项目建设的，对直接负责的主管人员和其他直接责任人员，由上级机关或者监察机关依法给予行政处分；构成犯罪的，依法追究刑事责任。

第三十三条 接受委托为建设项目环境影响评价提供技术服务的机构在环境影响评价工作中不负责任或者弄虚作假，致使环境影响评价文件失实的，由授予环境影响评价资质的环境保护行政主管部门降低其资质等级或者吊销其资质证书，并处所收费用一倍以上三倍以下的罚款；构成犯罪的，依法追究刑事责任。

第三十四条 负责预审、审核、审批建设项目环境影响评价文件的部门在审批中收取费用的，由其上级机关或者监察机关责令退还；情节严重的，对直接负责的主管人员和其他直接责任人员依法给予行政处分。

第三十五条 环境保护行政主管部门或者其他部门的工作人员徇私舞弊，滥用职权，玩忽职守，违法批准建设项目环境影响评价文件的，依法给予行政处分；构成犯罪的，依法追究刑事责任。

第五章 附 则

第三十六条 省、自治区、直辖市人民政府可以根据本地的实际情况，要求对本辖区的县级人民政府编制的规划进行环境影响评价。具体办法由省、自治区、直辖市参照本法第二章的规定制定。

第三十七条 军事设施建设项目的环境影响评价办法，由中央军事委员会依照本法的原则制定。

第三十八条 本法自 2003 年 9 月 1 日起施行。

中华人民共和国国务院令

第 559 号

《规划环境影响评价条例》已经 2009 年 8 月 12 日国务院第 76 次常务会议通过，现予公布，自 2009 年 10 月 1 日起施行。

总　理　温家宝

二〇〇九年八月十七日

规划环境影响评价条例

第一章　总　则

第一条　为了加强对规划的环境影响评价工作，提高规划的科学性，从源头预防环境污染和生态破坏，促进经济、社会和环境的全面协调可持续发展，根据《中华人民共和国环境影响评价法》，制定本条例。

第二条　国务院有关部门、设区的市级以上地方人民政府及其有关部门，对其组织编制的土地利用的有关规划和区域、流域、海域的建设、开发利用规划（以下称综合性规划），以及工业、农业、畜牧业、林业、能源、水利、交通、城市建设、旅游、自然资源开发的有关专项规划（以下称专项规划），应当进行环境影响评价。

依照本条第一款规定应当进行环境影响评价的规划的具体范围，由国务院环境保护主管部门会同国务院有关部门拟订，报国务院批准后执行。

第三条　对规划进行环境影响评价，应当遵循客观、公开、公正的原则。

第四条　国家建立规划环境影响评价信息共享制度。

县级以上人民政府及其有关部门应当对规划环境影响评价所需资料实行信息共享。

第五条　规划环境影响评价所需的费用应当按照预算管理的规定纳入财政预

算，严格支出管理，接受审计监督。

第六条 任何单位和个人对违反本条例规定的行为或者对规划实施过程中产生的重大不良环境影响，有权向规划审批机关、规划编制机关或者环境保护主管部门举报。有关部门接到举报后，应当依法调查处理。

第二章 评 价

第七条 规划编制机关应当在规划编制过程中对规划组织进行环境影响评价。

第八条 对规划进行环境影响评价，应当分析、预测和评估以下内容：

（一）规划实施可能对相关区域、流域、海域生态系统产生的整体影响；

（二）规划实施可能对环境和人群健康产生的长远影响；

（三）规划实施的经济效益、社会效益与环境效益之间以及当前利益与长远利益之间的关系。

第九条 对规划进行环境影响评价，应当遵守有关环境保护标准以及环境影响评价技术导则和技术规范。

规划环境影响评价技术导则由国务院环境保护主管部门会同国务院有关部门制定；规划环境影响评价技术规范由国务院有关部门根据规划环境影响评价技术导则制定，并抄送国务院环境保护主管部门备案。

第十条 编制综合性规划，应当根据规划实施后可能对环境造成的影响，编写环境影响篇章或者说明。

编制专项规划，应当在规划草案报送审批前编制环境影响报告书。编制专项规划中的指导性规划，应当依照本条第一款规定编写环境影响篇章或者说明。

本条第二款所称指导性规划是指以发展战略为主要内容的专项规划。

第十一条 环境影响篇章或者说明应当包括下列内容：

（一）规划实施对环境可能造成影响的分析、预测和评估。主要包括资源环境承载能力分析、不良环境影响的分析和预测以及与相关规划的环境协调性分析。

（二）预防或者减轻不良环境影响的对策和措施。主要包括预防或者减轻不良环境影响的政策、管理或者技术等措施。

环境影响报告书除包括上述内容外，还应当包括环境影响评价结论。主要包括规划草案的环境合理性和可行性，预防或者减轻不良环境影响的对策和措施的合理性和有效性，以及规划草案的调整建议。

第十二条 环境影响篇章或者说明、环境影响报告书（以下称环境影响评价文件），由规划编制机关编制或者组织规划环境影响评价技术机构编制。规划编制机关应当对环境影响评价文件的质量负责。

第十三条 规划编制机关对可能造成不良环境影响并直接涉及公众环境权益的专项规划，应当在规划草案报送审批前，采取调查问卷、座谈会、论证会、听证会等形式，公开征求有关单位、专家和公众对环境影响报告书的意见。但是，依法需要保密的除外。

有关单位、专家和公众的意见与环境影响评价结论有重大分歧的，规划编制机关应当采取论证会、听证会等形式进一步论证。

规划编制机关应当在报送审查的环境影响报告书中附具对公众意见采纳与不采纳情况及其理由的说明。

第十四条 对已经批准的规划在实施范围、适用期限、规模、结构和布局等方面进行重大调整或者修订的，规划编制机关应当依照本条例的规定重新或者补充进行环境影响评价。

第三章 审 查

第十五条 规划编制机关在报送审批综合性规划草案和专项规划中的指导性规划草案时，应当将环境影响篇章或者说明作为规划草案的组成部分一并报送规划审批机关。未编写环境影响篇章或者说明的，规划审批机关应当要求其补充；未补充的，规划审批机关不予审批。

第十六条 规划编制机关在报送审批专项规划草案时，应当将环境影响报告书一并附送规划审批机关审查；未附送环境影响报告书的，规划审批机关应当要求其补充；未补充的，规划审批机关不予审批。

第十七条 设区的市级以上人民政府审批的专项规划，在审批前由其环境保护主管部门召集有关部门代表和专家组成审查小组，对环境影响报告书进行审查。审查小组应当提交书面审查意见。

省级以上人民政府有关部门审批的专项规划，其环境影响报告书的审查办法，由国务院环境保护主管部门会同国务院有关部门制定。

第十八条 审查小组的专家应当从依法设立的专家库内相关专业的专家名单中随机抽取。但是，参与环境影响报告书编制的专家，不得作为该环境影响报告书审查小组的成员。

审查小组中专家人数不得少于审查小组总人数的二分之一；少于二分之一的，审查小组的审查意见无效。

第十九条 审查小组的成员应当客观、公正、独立地对环境影响报告书提出书面审查意见，规划审批机关、规划编制机关、审查小组的召集部门不得干预。

审查意见应当包括下列内容：

（一）基础资料、数据的真实性；

（二）评价方法的适当性；

（三）环境影响分析、预测和评估的可靠性；

（四）预防或者减轻不良环境影响的对策和措施的合理性和有效性；

（五）公众意见采纳与不采纳情况及其理由的说明的合理性；

（六）环境影响评价结论的科学性。

审查意见应当经审查小组四分之三以上成员签字同意。审查小组成员有不同意见的，应当如实记录和反映。

第二十条 有下列情形之一的，审查小组应当提出对环境影响报告书进行修改并重新审查的意见：

（一）基础资料、数据失实的；

（二）评价方法选择不当的；

（三）对不良环境影响的分析、预测和评估不准确、不深入，需要进一步论证的；

（四）预防或者减轻不良环境影响的对策和措施存在严重缺陷的；

（五）环境影响评价结论不明确、不合理或者错误的；

（六）未附具对公众意见采纳与不采纳情况及其理由的说明，或者不采纳公众意见的理由明显不合理的；

（七）内容存在其他重大缺陷或者遗漏的。

第二十一条 有下列情形之一的，审查小组应当提出不予通过环境影响报告书的意见：

（一）依据现有知识水平和技术条件，对规划实施可能产生的不良环境影响的程度或者范围不能作出科学判断的；

（二）规划实施可能造成重大不良环境影响，并且无法提出切实可行的预防或者减轻对策和措施的。

第二十二条 规划审批机关在审批专项规划草案时，应当将环境影响报告书结论以及审查意见作为决策的重要依据。

规划审批机关对环境影响报告书结论以及审查意见不予采纳的，应当逐项就不予采纳的理由作出书面说明，并存档备查。有关单位、专家和公众可以申请查阅；但是，依法需要保密的除外。

第二十三条 已经进行环境影响评价的规划包含具体建设项目的，规划的环境影响评价结论应当作为建设项目环境影响评价的重要依据，建设项目环境影响评价的内容可以根据规划环境影响评价的分析论证情况予以简化。

第四章 跟踪评价

第二十四条 对环境有重大影响的规划实施后，规划编制机关应当及时组织规划环境影响的跟踪评价，将评价结果报告规划审批机关，并通报环境保护等有关部门。

第二十五条 规划环境影响的跟踪评价应当包括下列内容：

（一）规划实施后实际产生的环境影响与环境影响评价文件预测可能产生的环境影响之间的比较分析和评估；

（二）规划实施中所采取的预防或者减轻不良环境影响的对策和措施有效性的分析和评估；

（三）公众对规划实施所产生的环境影响的意见；

（四）跟踪评价的结论。

第二十六条 规划编制机关对规划环境影响进行跟踪评价，应当采取调查问卷、现场走访、座谈会等形式征求有关单位、专家和公众的意见。

第二十七条 规划实施过程中产生重大不良环境影响的，规划编制机关应当及时提出改进措施，向规划审批机关报告，并通报环境保护等有关部门。

第二十八条 环境保护主管部门发现规划实施过程中产生重大不良环境影响的，应当及时进行核查。经核查属实的，向规划审批机关提出采取改进措施或者修订规划的建议。

第二十九条 规划审批机关在接到规划编制机关的报告或者环境保护主管部门的建议后，应当及时组织论证，并根据论证结果采取改进措施或者对规划进行修订。

第三十条 规划实施区域的重点污染物排放总量超过国家或者地方规定的总量控制指标的，应当暂停审批该规划实施区域内新增该重点污染物排放总量的建设项目的环境影响评价文件。

第五章　法律责任

第三十一条　规划编制机关在组织环境影响评价时弄虚作假或者有失职行为，造成环境影响评价严重失实的，对直接负责的主管人员和其他直接责任人员，依法给予处分。

第三十二条　规划审批机关有下列行为之一的，对直接负责的主管人员和其他直接责任人员，依法给予处分：

（一）对依法应当编写而未编写环境影响篇章或者说明的综合性规划草案和专项规划中的指导性规划草案，予以批准的；

（二）对依法应当附送而未附送环境影响报告书的专项规划草案，或者对环境影响报告书未经审查小组审查的专项规划草案，予以批准的。

第三十三条　审查小组的召集部门在组织环境影响报告书审查时弄虚作假或者滥用职权，造成环境影响评价严重失实的，对直接负责的主管人员和其他直接责任人员，依法给予处分。

审查小组的专家在环境影响报告书审查中弄虚作假或者有失职行为，造成环境影响评价严重失实的，由设立专家库的环境保护主管部门取消其入选专家库的资格并予以公告；审查小组的部门代表有上述行为的，依法给予处分。

第三十四条　规划环境影响评价技术机构弄虚作假或者有失职行为，造成环境影响评价文件严重失实的，由国务院环境保护主管部门予以通报，处所收费用1倍以上3倍以下的罚款；构成犯罪的，依法追究刑事责任。

第六章　附　则

第三十五条　省、自治区、直辖市人民政府可以根据本地的实际情况，要求本行政区域内的县级人民政府对其组织编制的规划进行环境影响评价。具体办法由省、自治区、直辖市参照《中华人民共和国环境影响评价法》和本条例的规定制定。

第三十六条　本条例自2009年10月1日起施行。

中华人民共和国国务院令

第 492 号

《中华人民共和国政府信息公开条例》已经 2007 年 1 月 17 日国务院第 165 次常务会议通过，现予公布，自 2008 年 5 月 1 日起施行。

总　理　温家宝

二〇〇七年四月五日

中华人民共和国政府信息公开条例

第一章　总　则

第一条　为了保障公民、法人和其他组织依法获取政府信息，提高政府工作的透明度，促进依法行政，充分发挥政府信息对人民群众生产、生活和经济社会活动的服务作用，制定本条例。

第二条　本条例所称政府信息，是指行政机关在履行职责过程中制作或者获取的，以一定形式记录、保存的信息。

第三条　各级人民政府应当加强对政府信息公开工作的组织领导。

国务院办公厅是全国政府信息公开工作的主管部门，负责推进、指导、协调、监督全国的政府信息公开工作。

县级以上地方人民政府办公厅（室）或者县级以上地方人民政府确定的其他政府信息公开工作主管部门负责推进、指导、协调、监督本行政区域的政府信息公开工作。

第四条　各级人民政府及县级以上人民政府部门应当建立健全本行政机关的政府信息公开工作制度，并指定机构（以下统称政府信息公开工作机构）负责本行政机关政府信息公开的日常工作。

政府信息公开工作机构的具体职责是：

（一）具体承办本行政机关的政府信息公开事宜；

（二）维护和更新本行政机关公开的政府信息；

（三）组织编制本行政机关的政府信息公开指南、政府信息公开目录和政府信息公开工作年度报告；

（四）对拟公开的政府信息进行保密审查；

（五）本行政机关规定的与政府信息公开有关的其他职责。

第五条 行政机关公开政府信息，应当遵循公正、公平、便民的原则。

第六条 行政机关应当及时、准确地公开政府信息。行政机关发现影响或者可能影响社会稳定、扰乱社会管理秩序的虚假或者不完整信息的，应当在其职责范围内发布准确的政府信息予以澄清。

第七条 行政机关应当建立健全政府信息发布协调机制。行政机关发布政府信息涉及其他行政机关的，应当与有关行政机关进行沟通、确认，保证行政机关发布的政府信息准确一致。

行政机关发布政府信息依照国家有关规定需要批准的，未经批准不得发布。

第八条 行政机关公开政府信息，不得危及国家安全、公共安全、经济安全和社会稳定。

第二章 公开的范围

第九条 行政机关对符合下列基本要求之一的政府信息应当主动公开：

（一）涉及公民、法人或者其他组织切身利益的；

（二）需要社会公众广泛知晓或者参与的；

（三）反映本行政机关机构设置、职能、办事程序等情况的；

（四）其他依照法律、法规和国家有关规定应当主动公开的。

第十条 县级以上各级人民政府及其部门应当依照本条例第九条的规定，在各自职责范围内确定主动公开的政府信息的具体内容，并重点公开下列政府信息：

（一）行政法规、规章和规范性文件；

（二）国民经济和社会发展规划、专项规划、区域规划及相关政策；

（三）国民经济和社会发展统计信息；

（四）财政预算、决算报告；

（五）行政事业性收费的项目、依据、标准；

（六）政府集中采购项目的目录、标准及实施情况；

（七）行政许可的事项、依据、条件、数量、程序、期限以及申请行政许可需要提交的全部材料目录及办理情况；

（八）重大建设项目的批准和实施情况；

（九）扶贫、教育、医疗、社会保障、促进就业等方面的政策、措施及其实施情况；

（十）突发公共事件的应急预案、预警信息及应对情况；

（十一）环境保护、公共卫生、安全生产、食品药品、产品质量的监督检查情况。

第十一条 设区的市级人民政府、县级人民政府及其部门重点公开的政府信息还应当包括下列内容：

（一）城乡建设和管理的重大事项；

（二）社会公益事业建设情况；

（三）征收或者征用土地、房屋拆迁及其补偿、补助费用的发放、使用情况；

（四）抢险救灾、优抚、救济、社会捐助等款物的管理、使用和分配情况。

第十二条 乡（镇）人民政府应当依照本条例第九条的规定，在其职责范围内确定主动公开的政府信息的具体内容，并重点公开下列政府信息：

（一）贯彻落实国家关于农村工作政策的情况；

（二）财政收支、各类专项资金的管理和使用情况；

（三）乡（镇）土地利用总体规划、宅基地使用的审核情况；

（四）征收或者征用土地、房屋拆迁及其补偿、补助费用的发放、使用情况；

（五）乡（镇）的债权债务、筹资筹劳情况；

（六）抢险救灾、优抚、救济、社会捐助等款物的发放情况；

（七）乡镇集体企业及其他乡镇经济实体承包、租赁、拍卖等情况；

（八）执行计划生育政策的情况。

第十三条 除本条例第九条、第十条、第十一条、第十二条规定的行政机关主动公开的政府信息外，公民、法人或者其他组织还可以根据自身生产、生活、科研等特殊需要，向国务院部门、地方各级人民政府及县级以上地方人民政府部门申请获取相关政府信息。

第十四条 行政机关应当建立健全政府信息发布保密审查机制，明确审查的程序和责任。

行政机关在公开政府信息前，应当依照《中华人民共和国保守国家秘密法》

以及其他法律、法规和国家有关规定对拟公开的政府信息进行审查。

行政机关对政府信息不能确定是否可以公开时，应当依照法律、法规和国家有关规定报有关主管部门或者同级保密工作部门确定。

行政机关不得公开涉及国家秘密、商业秘密、个人隐私的政府信息。但是，经权利人同意公开或者行政机关认为不公开可能对公共利益造成重大影响的涉及商业秘密、个人隐私的政府信息，可以予以公开。

第三章　公开的方式和程序

第十五条　行政机关应当将主动公开的政府信息，通过政府公报、政府网站、新闻发布会以及报刊、广播、电视等便于公众知晓的方式公开。

第十六条　各级人民政府应当在国家档案馆、公共图书馆设置政府信息查阅场所，并配备相应的设施、设备，为公民、法人或者其他组织获取政府信息提供便利。

行政机关可以根据需要设立公共查阅室、资料索取点、信息公告栏、电子信息屏等场所、设施，公开政府信息。

行政机关应当及时向国家档案馆、公共图书馆提供主动公开的政府信息。

第十七条　行政机关制作的政府信息，由制作该政府信息的行政机关负责公开；行政机关从公民、法人或者其他组织获取的政府信息，由保存该政府信息的行政机关负责公开。法律、法规对政府信息公开的权限另有规定的，从其规定。

第十八条　属于主动公开范围的政府信息，应当自该政府信息形成或者变更之日起20个工作日内予以公开。法律、法规对政府信息公开的期限另有规定的，从其规定。

第十九条　行政机关应当编制、公布政府信息公开指南和政府信息公开目录，并及时更新。

政府信息公开指南，应当包括政府信息的分类、编排体系、获取方式，政府信息公开工作机构的名称、办公地址、办公时间、联系电话、传真号码、电子邮箱等内容。

政府信息公开目录，应当包括政府信息的索引、名称、内容概述、生成日期等内容。

第二十条　公民、法人或者其他组织依照本条例第十三条规定向行政机关申请获取政府信息的，应当采用书面形式（包括数据电文形式）；采用书面形式确有困难的，申请人可以口头提出，由受理该申请的行政机关代为填写政府信息公开申请。

政府信息公开申请应当包括下列内容：

（一）申请人的姓名或者名称、联系方式；

（二）申请公开的政府信息的内容描述；

（三）申请公开的政府信息的形式要求。

第二十一条 对申请公开的政府信息，行政机关根据下列情况分别作出答复：

（一）属于公开范围的，应当告知申请人获取该政府信息的方式和途径；

（二）属于不予公开范围的，应当告知申请人并说明理由；

（三）依法不属于本行政机关公开或者该政府信息不存在的，应当告知申请人，对能够确定该政府信息的公开机关的，应当告知申请人该行政机关的名称、联系方式；

（四）申请内容不明确的，应当告知申请人作出更改、补充。

第二十二条 申请公开的政府信息中含有不应当公开的内容，但是能够作区分处理的，行政机关应当向申请人提供可以公开的信息内容。

第二十三条 行政机关认为申请公开的政府信息涉及商业秘密、个人隐私，公开后可能损害第三方合法权益的，应当书面征求第三方的意见；第三方不同意公开的，不得公开。但是，行政机关认为不公开可能对公共利益造成重大影响的，应当予以公开，并将决定公开的政府信息内容和理由书面通知第三方。

第二十四条 行政机关收到政府信息公开申请，能够当场答复的，应当当场予以答复。

行政机关不能当场答复的，应当自收到申请之日起 15 个工作日内予以答复；如需延长答复期限的，应当经政府信息公开工作机构负责人同意，并告知申请人，延长答复的期限最长不得超过 15 个工作日。

申请公开的政府信息涉及第三方权益的，行政机关征求第三方意见所需时间不计算在本条第二款规定的期限内。

第二十五条 公民、法人或者其他组织向行政机关申请提供与其自身相关的税费缴纳、社会保障、医疗卫生等政府信息的，应当出示有效身份证件或者证明文件。

公民、法人或者其他组织有证据证明行政机关提供的与其自身相关的政府信息记录不准确的，有权要求该行政机关予以更正。该行政机关无权更正的，应当转送有权更正的行政机关处理，并告知申请人。

第二十六条 行政机关依申请公开政府信息，应当按照申请人要求的形式予以提供；无法按照申请人要求的形式提供的，可以通过安排申请人查阅相关资料、提供复制件或者其他适当形式提供。

第二十七条 行政机关依申请提供政府信息，除可以收取检索、复制、邮寄等成本费用外，不得收取其他费用。行政机关不得通过其他组织、个人以有偿服务方式提供政府信息。

行政机关收取检索、复制、邮寄等成本费用的标准由国务院价格主管部门会同国务院财政部门制定。

第二十八条 申请公开政府信息的公民确有经济困难的，经本人申请、政府信息公开工作机构负责人审核同意，可以减免相关费用。

申请公开政府信息的公民存在阅读困难或者视听障碍的，行政机关应当为其提供必要的帮助。

第四章 监督和保障

第二十九条 各级人民政府应当建立健全政府信息公开工作考核制度、社会评议制度和责任追究制度，定期对政府信息公开工作进行考核、评议。

第三十条 政府信息公开工作主管部门和监察机关负责对行政机关政府信息公开的实施情况进行监督检查。

第三十一条 各级行政机关应当在每年3月31日前公布本行政机关的政府信息公开工作年度报告。

第三十二条 政府信息公开工作年度报告应当包括下列内容：

（一）行政机关主动公开政府信息的情况；

（二）行政机关依申请公开政府信息和不予公开政府信息的情况；

（三）政府信息公开的收费及减免情况；

（四）因政府信息公开申请行政复议、提起行政诉讼的情况；

（五）政府信息公开工作存在的主要问题及改进情况；

（六）其他需要报告的事项。

第三十三条 公民、法人或者其他组织认为行政机关不依法履行政府信息公开义务的，可以向上级行政机关、监察机关或者政府信息公开工作主管部门举报。收到举报的机关应当予以调查处理。

公民、法人或者其他组织认为行政机关在政府信息公开工作中的具体行政行为侵犯其合法权益的，可以依法申请行政复议或者提起行政诉讼。

第三十四条 行政机关违反本条例的规定，未建立健全政府信息发布保密审查机制的，由监察机关、上一级行政机关责令改正；情节严重的，对行政机关主要负责人依法给予处分。

第三十五条 行政机关违反本条例的规定，有下列情形之一的，由监察机关、上一级行政机关责令改正；情节严重的，对行政机关直接负责的主管人员和其他直接责任人员依法给予处分；构成犯罪的，依法追究刑事责任：

（一）不依法履行政府信息公开义务的；

（二）不及时更新公开的政府信息内容、政府信息公开指南和政府信息公开目录的；

（三）违反规定收取费用的；

（四）通过其他组织、个人以有偿服务方式提供政府信息的；

（五）公开不应当公开的政府信息的；

（六）违反本条例规定的其他行为。

第五章 附 则

第三十六条 法律、法规授权的具有管理公共事务职能的组织公开政府信息的活动，适用本条例。

第三十七条 教育、医疗卫生、计划生育、供水、供电、供气、供热、环保、公共交通等与人民群众利益密切相关的公共企事业单位在提供社会公共服务过程中制作、获取的信息的公开，参照本条例执行，具体办法由国务院有关主管部门或者机构制定。

第三十八条 本条例自 2008 年 5 月 1 日起施行。

中华人民共和国国务院令

第 654 号

《企业信息公示暂行条例》已经 2014 年 7 月 23 日国务院第 57 次常务会议通过，现予公布，自 2014 年 10 月 1 日起施行。

总　理　李克强

2014 年 8 月 7 日

企业信息公示暂行条例

第一条　为了保障公平竞争，促进企业诚信自律，规范企业信息公示，强化企业信用约束，维护交易安全，提高政府监管效能，扩大社会监督，制定本条例。

第二条　本条例所称企业信息，是指在工商行政管理部门登记的企业从事生产经营活动过程中形成的信息，以及政府部门在履行职责过程中产生的能够反映企业状况的信息。

第三条　企业信息公示应当真实、及时。公示的企业信息涉及国家秘密、国家安全或者社会公共利益的，应当报请主管的保密行政管理部门或者国家安全机关批准。县级以上地方人民政府有关部门公示的企业信息涉及企业商业秘密或者个人隐私的，应当报请上级主管部门批准。

第四条　省、自治区、直辖市人民政府领导本行政区域的企业信息公示工作，按照国家社会信用信息平台建设的总体要求，推动本行政区域企业信用信息公示系统的建设。

第五条　国务院工商行政管理部门推进、监督企业信息公示工作，组织企业信用信息公示系统的建设。国务院其他有关部门依照本条例规定做好企业信息公示相关工作。

县级以上地方人民政府有关部门依照本条例规定做好企业信息公示工作。

第六条　工商行政管理部门应当通过企业信用信息公示系统，公示其在履行职责过程中产生的下列企业信息：

（一）注册登记、备案信息；

（二）动产抵押登记信息；

（三）股权出质登记信息；

（四）行政处罚信息；

（五）其他依法应当公示的信息。

前款规定的企业信息应当自产生之日起20个工作日内予以公示。

第七条 工商行政管理部门以外的其他政府部门（以下简称其他政府部门）应当公示其在履行职责过程中产生的下列企业信息：

（一）行政许可准予、变更、延续信息；

（二）行政处罚信息；

（三）其他依法应当公示的信息。

其他政府部门可以通过企业信用信息公示系统，也可以通过其他系统公示前款规定的企业信息。工商行政管理部门和其他政府部门应当按照国家社会信用信息平台建设的总体要求，实现企业信息的互联共享。

第八条 企业应当于每年1月1日至6月30日，通过企业信用信息公示系统向工商行政管理部门报送上一年度年度报告，并向社会公示。

当年设立登记的企业，自下一年起报送并公示年度报告。

第九条 企业年度报告内容包括：

（一）企业通信地址、邮政编码、联系电话、电子邮箱等信息；

（二）企业开业、歇业、清算等存续状态信息；

（三）企业投资设立企业、购买股权信息；

（四）企业为有限责任公司或者股份有限公司的，其股东或者发起人认缴和实缴的出资额、出资时间、出资方式等信息；

（五）有限责任公司股东股权转让等股权变更信息；

（六）企业网站以及从事网络经营的网店的名称、网址等信息；

（七）企业从业人数、资产总额、负债总额、对外提供保证担保、所有者权益合计、营业总收入、主营业务收入、利润总额、净利润、纳税总额信息。

前款第一项至第六项规定的信息应当向社会公示，第七项规定的信息由企业选择是否向社会公示。

经企业同意，公民、法人或者其他组织可以查询企业选择不公示的信息。

第十条 企业应当自下列信息形成之日起 20 个工作日内通过企业信用信息公示系统向社会公示：

（一）有限责任公司股东或者股份有限公司发起人认缴和实缴的出资额、出资时间、出资方式等信息；

（二）有限责任公司股东股权转让等股权变更信息；

（三）行政许可取得、变更、延续信息；

（四）知识产权出质登记信息；

（五）受到行政处罚的信息；

（六）其他依法应当公示的信息。

工商行政管理部门发现企业未依照前款规定履行公示义务的，应当责令其限期履行。

第十一条 政府部门和企业分别对其公示信息的真实性、及时性负责。

第十二条 政府部门发现其公示的信息不准确的，应当及时更正。公民、法人或者其他组织有证据证明政府部门公示的信息不准确的，有权要求该政府部门予以更正。

企业发现其公示的信息不准确的，应当及时更正；但是，企业年度报告公示信息的更正应当在每年 6 月 30 日之前完成。更正前后的信息应当同时公示。

第十三条 公民、法人或者其他组织发现企业公示的信息虚假的，可以向工商行政管理部门举报，接到举报的工商行政管理部门应当自接到举报材料之日起 20 个工作日内进行核查，予以处理，并将处理情况书面告知举报人。

公民、法人或者其他组织对依照本条例规定公示的企业信息有疑问的，可以向政府部门申请查询，收到查询申请的政府部门应当自收到申请之日起 20 个工作日内书面答复申请人。

第十四条 国务院工商行政管理部门和省、自治区、直辖市人民政府工商行政管理部门应当按照公平规范的要求，根据企业注册号等随机摇号，确定抽查的企业，组织对企业公示信息的情况进行检查。

工商行政管理部门抽查企业公示的信息，可以采取书面检查、实地核查、网络监测等方式。工商行政管理部门抽查企业公示的信息，可以委托会计师事务所、税务师事务所、律师事务所等专业机构开展相关工作，并依法利用其他政府部门作出的检查、核查结果或者专业机构作出的专业结论。

抽查结果由工商行政管理部门通过企业信用信息公示系统向社会公布。

第十五条 工商行政管理部门对企业公示的信息依法开展抽查或者根据举报进行核查，企业应当配合，接受询问调查，如实反映情况，提供相关材料。

对不予配合情节严重的企业，工商行政管理部门应当通过企业信用信息公示系统公示。

第十六条 任何公民、法人或者其他组织不得非法修改公示的企业信息，不得非法获取企业信息。

第十七条 有下列情形之一的，由县级以上工商行政管理部门列入经营异常名录，通过企业信用信息公示系统向社会公示，提醒其履行公示义务；情节严重的，由有关主管部门依照有关法律、行政法规规定给予行政处罚；造成他人损失的，依法承担赔偿责任；构成犯罪的，依法追究刑事责任：

（一）企业未按照本条例规定的期限公示年度报告或者未按照工商行政管理部门责令的期限公示有关企业信息的；

（二）企业公示信息隐瞒真实情况、弄虚作假的。

被列入经营异常名录的企业依照本条例规定履行公示义务的，由县级以上工商行政管理部门移出经营异常名录；满 3 年未依照本条例规定履行公示义务的，由国务院工商行政管理部门或者省、自治区、直辖市人民政府工商行政管理部门列入严重违法企业名单，并通过企业信用信息公示系统向社会公示。被列入严重违法企业名单的企业的法定代表人、负责人，3 年内不得担任其他企业的法定代表人、负责人。

企业自被列入严重违法企业名单之日起满 5 年未再发生第一款规定情形的，由国务院工商行政管理部门或者省、自治区、直辖市人民政府工商行政管理部门移出严重违法企业名单。

第十八条 县级以上地方人民政府及其有关部门应当建立健全信用约束机制，在政府采购、工程招投标、国有土地出让、授予荣誉称号等工作中，将企业信息作为重要考量因素，对被列入经营异常名录或者严重违法企业名单的企业依法予以限制或者禁入。

第十九条 政府部门未依照本条例规定履行职责的，由监察机关、上一级政府部门责令改正；情节严重的，对负有责任的主管人员和其他直接责任人员依法给予处分；构成犯罪的，依法追究刑事责任。

第二十条 非法修改公示的企业信息，或者非法获取企业信息的，依照有关法律、行政法规规定追究法律责任。

第二十一条 公民、法人或者其他组织认为政府部门在企业信息公示工作中的具体行政行为侵犯其合法权益的，可以依法申请行政复议或者提起行政诉讼。

第二十二条 企业依照本条例规定公示信息，不免除其依照其他有关法律、行政法规规定公示信息的义务。

第二十三条 法律、法规授权的具有管理公共事务职能的组织公示企业信息适用本条例关于政府部门公示企业信息的规定。

第二十四条 国务院工商行政管理部门负责制定企业信用信息公示系统的技术规范。

个体工商户、农民专业合作社信息公示的具体办法由国务院工商行政管理部门另行制定。

第二十五条 本条例自2014年10月1日起施行。

二、部门规章及环境保护政策

环境保护部令

第 35 号

《环境保护公众参与办法》已于 2015 年 7 月 2 日由环境保护部部务会议通过，现予公布，自 2015 年 9 月 1 日起施行。

部　长　陈吉宁

2015 年 7 月 13 日

环境保护公众参与办法

第一条　为保障公民、法人和其他组织获取环境信息、参与和监督环境保护的权利，畅通参与渠道，促进环境保护公众参与依法有序发展，根据《环境保护法》及有关法律法规，制定本办法。

第二条　本办法适用于公民、法人和其他组织参与制定政策法规、实施行政许可或者行政处罚、监督违法行为、开展宣传教育等环境保护公共事务的活动。

第三条　环境保护公众参与应当遵循依法、有序、自愿、便利的原则。

第四条　环境保护主管部门可以通过征求意见、问卷调查，组织召开座谈会、专家论证会、听证会等方式征求公民、法人和其他组织对环境保护相关事项或者活动的意见和建议。

公民、法人和其他组织可以通过电话、信函、传真、网络等方式向环境保护主管部门提出意见和建议。

第五条　环境保护主管部门向公民、法人和其他组织征求意见时，应当公布以下信息：

（一）相关事项或者活动的背景资料；

（二）征求意见的起止时间；

（三）公众提交意见和建议的方式；

（四）联系部门和联系方式。

公民、法人和其他组织应当在征求意见的时限内提交书面意见和建议。

第六条 环境保护主管部门拟组织问卷调查征求意见的，应当对相关事项的基本情况进行说明。调查问卷所设问题应当简单明确、通俗易懂。调查的人数及其范围应当综合考虑相关事项或者活动的环境影响范围和程度、社会关注程度、组织公众参与所需要的人力和物力资源等因素。

第七条 环境保护主管部门拟组织召开座谈会、专家论证会征求意见的，应当提前将会议的时间、地点、议题、议程等事项通知参会人员，必要时可以通过政府网站、主要媒体等途径予以公告。

参加专家论证会的参会人员应当以相关专业领域专家、环保社会组织中的专业人士为主，同时应当邀请可能受相关事项或者活动直接影响的公民、法人和其他组织的代表参加。

第八条 法律、法规规定应当听证的事项，环境保护主管部门应当向社会公告，并举行听证。

环境保护主管部门组织听证应当遵循公开、公平、公正和便民的原则，充分听取公民、法人和其他组织的意见，并保证其陈述意见、质证和申辩的权利。

除涉及国家秘密、商业秘密或者个人隐私外，听证应当公开举行。

第九条 环境保护主管部门应当对公民、法人和其他组织提出的意见和建议进行归类整理、分析研究，在作出环境决策时予以充分考虑，并以适当的方式反馈公民、法人和其他组织。

第十条 环境保护主管部门支持和鼓励公民、法人和其他组织对环境保护公共事务进行舆论监督和社会监督。

第十一条 公民、法人和其他组织发现任何单位和个人有污染环境和破坏生态行为的，可以通过信函、传真、电子邮件、“12369”环保举报热线、政府网站等途径，向环境保护主管部门举报。

第十二条 公民、法人和其他组织发现地方各级人民政府、县级以上环境保护主管部门不依法履行职责的，有权向其上级机关或者监察机关举报。

第十三条 接受举报的环境保护主管部门应当依照有关法律、法规规定调查核实举报的事项，并将调查情况和处理结果告知举报人。

第十四条 接受举报的环境保护主管部门应当对举报人的相关信息予以保密，保护举报人的合法权益。

第十五条 对保护和改善环境有显著成绩的单位和个人，依法给予奖励。

国家鼓励县级以上环境保护主管部门推动有关部门设立环境保护有奖举报专项资金。

第十六条 环境保护主管部门可以通过提供法律咨询、提交书面意见、协助调查取证等方式，支持符合法定条件的环保社会组织依法提起环境公益诉讼。

第十七条 环境保护主管部门应当在其职责范围内加强宣传教育工作，普及环境科学知识，增强公众的环保意识、节约意识；鼓励公众自觉践行绿色生活、绿色消费，形成低碳节约、保护环境的社会风尚。

第十八条 环境保护主管部门可以通过项目资助、购买服务等方式，支持、引导社会组织参与环境保护活动。

第十九条 法律、法规和环境保护部制定的其他部门规章对环境保护公众参与另有规定的，从其规定。

第二十条 本办法自 2015 年 9 月 1 日起施行。

关于推进环境保护公众参与的指导意见

环办〔2014〕48号

各省、自治区、直辖市环境保护厅（局）：

环境保护公众参与是指公民、法人和其他组织自觉自愿参与环境立法、执法、司法、守法等事务以及与环境相关的开发、利用、保护和改善等活动。公众参与环境保护是维护和实现公民环境权益、加强生态文明建设的重要途径。积极推动公众参与环境保护，对创新环境治理机制、提升环境管理能力、建设生态文明具有重要意义。为深入落实党的十八大和十八届三中全会精神，进一步推进公众参与环境保护工作的健康发展，特制定以下指导意见。

一、指导思想

以邓小平理论、“三个代表”重要思想、科学发展观为指导，认真贯彻落实习近平总书记系列讲话精神，坚持以人为本，尊重和保障公众的环境知情权、参与权、表达权和监督权，积极构建全民参与环境保护的社会行动体系，广泛动员社会力量，为推动环境质量全面改善，共同建设美丽中国而奋斗。

二、基本原则

（一）畅通渠道、接受监督。积极搭建公众参与环境保护平台，畅通联系渠道，及时公布涉及环境法律法规、政策制定、环境决策、环境管理等方面的信息，接受社会监督。

（二）依法有序、理性有效。不断规范公众参与程序，加强宣传引导，确保各项公众参与活动有法可依、有序开展；积极探索参与的形式和方法，使公众参与切实有效。

（三）平等自愿、公益优先。坚持公众在参与环境事务过程中自主自愿，参与主体地位平等，参与多元、广泛。鼓励出于公益目的的参与行为，推进环境公益事业健康发展。

三、主要任务

（一）加强宣传动员。培育公众参与环境保护的热情，广泛动员公众参与环境保护事务，维护自身的环境权益。推动电视、广播、报纸、网络和手机等媒体积极履行环境保护公益宣传社会责任，培养公众的环境伦理和道德，使公众理解并支持环保政策，知晓环境知识，提升环境素养，掌握参与技巧，提高参与能力，推动公众依法、理性、有序参与环保事务。

（二）推进环境信息公开。环境信息公开和透明是公众参与的前提，除法律法规规定的不得公开的环境信息外，各级环保部门应当主动公开环境信息。完善环境信息发布机制，细化公开条目，明确公开内容。通过政府和环境保护行政主管部门门户网站、政务微博、报刊、手机报等权威信息发布平台和新闻发布会、媒体通气会等便于公众知晓的方式，及时、准确、全面地公开环境管理信息和环境质量信息。加强新闻发言人制度建设，及时回应群众关注的环保热点和焦点问题。积极推动企业环境信息公开，定期公布重点企业污染物排放情况，监督企业公开污染物排放自行监测信息。开展企业环境信用等级评定工作，定期公布评定结果。

（三）畅通公众表达及诉求渠道。建设政府、企业、公众三方对话机制，开辟有效的意见表达和投诉渠道，搭建公众参与和沟通的对接平台。发挥环保社会组织在不同利益群体之间化解环境矛盾与纠纷的作用，为百姓分忧，为政府助力。支持环保社会组织合法、理性、规范地开展环境矛盾和纠纷的调查和调研活动，对其在解决环境矛盾和纠纷过程中所涉及的信息沟通、对话协调、实施协议等行为，提供必要的帮助。

（四）完善法律法规。建立健全环境公益诉讼机制，明确公众参与的范围、内容、方式、渠道和程序，规范和指导公众有序参与环境保护。加强与司法机关的协调沟通，加大公众参与环境保护的司法保障。制定和采取有效措施保护举报人，避免举报人遭受打击报复。在公众向人民法院提请环境污染损害赔偿民事诉讼时，环境保护行政主管部门应当对环境污染损害取证等事务给予支持。

（五）加大对环保社会组织的扶持力度。建立环保社会组织服务记录制度，对环保社会组织的服务进行及时、完整、准确记录，为表彰激励提供依据。加强与环保社会组织的沟通与交流，增进理解与互信。坚持服务与培训并重的原则，在通过项目资助、政府向社会组织购买服务等形式促进环保社会组织参与环境保护的同时，对环保社会组织及其成员进行专业培训，提升其公益服务意识、服务能力和服务水平，使他们成为公众参与的中坚力量。积极支持环保社会组织开展环境保护宣传教育、咨询服务、环境违法监督和法律援助等活动，充分发挥环保社会组织在参与环境政策、法规、规划和标准的制定与实施中的咨询与参谋作用，鼓励他们为完善环保法律法规和政策制定积极建言献策。

四、重点领域

（一）大力推进环境法规和政策制定的公众参与。在环境法规、政策、规划和标准的制定、修改过程中，应依法在政府和环境保护行政主管部门门户网站、当地主流媒体上公布草案，召开座谈会、论证会、听证会等，公开征求公众意见，并对公众意见的征求、采纳情况及时予以公布。

（二）大力推进环境决策的公众参与。提高环境决策透明度，鼓励建立环境决策民意调查制度，把民意支持度作为是否决策的重要参考。建立健全专家论证会制度，发挥专家的专业支撑作用。鼓励公众、社会组织全程参与环境规划的实施与考核，提高环境决策民主化和科学化水平。

（三）大力推进环境监督的公众参与。环境保护行政主管部门可以聘请人大代表、政协委员、民主党派和无党派人士、环保社会组织代表担任环境保护特约监察员，对环境保护行政主管部门的环境执法工作进行监察；可以聘请环保志愿者、环保社会组织代表担任环境保护监督员，监督企业的环境保护行为和建设项目的环境事务。对公众反映的环境问题，环境保护行政主管部门应积极调查处理并及时反馈信息。支持新闻媒体进行舆论监督。

（四）大力推进环境影响评价的公众参与。严格落实环境影响评价公众参与的有关规章制度，及时公开建设项目环评信息，并召开专家论证会、公众听证会，充分、广泛征求公众意见。环境保护行政主管部门在受理建设项目或规划环境影响报告书后，要向公众公告环境影响报告书受理的有关信息。在作出审批或者重新审核决定后，应将审批或审核结果进行公告。环境保护行政主管部门在建设项目竣工环境保护设施验收、重点工业污染防治及生态恢复治理工程完成时，要公开征求公众意见，并对公众提出的合理意见予以采纳。

（五）大力推进环境宣传教育的公众参与。严格落实全国环境宣传教育行动纲要及相关政策，引导公众和环保社会组织积极参与环境宣传教育和知识普及工作。加强与电视、广播、报刊等传统媒体的深度合作，发挥网络、手机、微博等新媒体的作用，及时发布环境信息，解读相关政策，为公众解疑释惑。

五、保障措施

（一）加强组织领导。地方各级环保部门要把做好环境保护公众参与工作摆上重要日程，制定工作计划，逐级落实责任。要加强工作机构建设，已经设置专门机构的，要加强力量配置，把专业水平高、责任心强的人员配置到关键岗位；尚未设置专门机构的，要明确专人负责，并保障必要的工作经费。建立与当地宣传部门的联动机制，确保信息互通互享。

（二）开展业务培训。要建立培训工作常态化机制，通过集中授课、解读交流、案例分析等方式对负责环境保护公众参与的人员进行相关知识和技能培训，不断提高他们的政策把握能力、解疑释惑能力、沟通协调能力和反馈引导能力。

（三）完善相关制度。建立健全环境保护公众参与相关制度，完善考核、检查等工作措施，加强政府各部门间的合作联动，及时协调解决公众参与方面的矛盾和问题，确保环境保护公众参与工作健康发展。

环境保护部办公厅

2014 年 5 月 22 日

关于印发《环境影响评价公众参与暂行办法》的通知

环发〔2006〕28 号

各省、自治区、直辖市环境保护局（厅），解放军环境保护局，新疆生产建设兵团环境保护局：

为推进和规范环境影响评价活动中的公众参与，根据《环境影响评价法》《行政许可法》《全面推进依法行政实施纲要》和《国务院关于落实科学发展观 加强环境保护的决定》等法律和法规性文件有关公开环境信息和强化社会监督的规定，我局制定了《环境影响评价公众参与暂行办法》。现发布施行。

附件：环境影响评价公众参与暂行办法

二〇〇六年二月十四日

附件：

环境影响评价公众参与暂行办法

第一章 总 则

第一条 为推进和规范环境影响评价活动中的公众参与，根据《环境影响评价法》《行政许可法》《全面推进依法行政实施纲要》和《国务院关于落实科学发展观 加强环境保护的决定》等法律和法规性文件有关公开环境信息和强化社会监督的规定，制定本办法。

第二条 本办法适用于下列建设项目环境影响评价的公众参与：

（一）对环境可能造成重大影响、应当编制环境影响报告书的建设项目；

（二）环境影响报告书经批准后，项目的性质、规模、地点、采用的生产工艺或者防治污染、防止生态破坏的措施发生重大变动，建设单位应当重新报批环境影响报告书的建设项目；

（三）环境影响报告书自批准之日起超过五年方决定开工建设，其环境影响报告书应当报原审批机关重新审核的建设项目。

第三条 环境保护行政主管部门在审批或者重新审核建设项目环境影响报告书过程中征求公众意见的活动，适用本办法。

第四条 国家鼓励公众参与环境影响评价活动。

公众参与实行公开、平等、广泛和便利的原则。

第五条 建设单位或者其委托的环境影响评价机构在编制环境影响报告书的过程中，环境保护行政主管部门在审批或者重新审核环境影响报告书的过程中，应当依照本办法的规定，公开有关环境影响评价的信息，征求公众意见。但国家规定需要保密的情形除外。

建设单位可以委托承担环境影响评价工作的环境影响评价机构进行征求公众意见的活动。

第六条 按照国家规定应当征求公众意见的建设项目，建设单位或者其委托的环境影响评价机构应当按照环境影响评价技术导则的有关规定，在建设项目环境影响报告书中，编制公众参与篇章。

按照国家规定应当征求公众意见的建设项目，其环境影响报告书中没有公众参与篇章的，环境保护行政主管部门不得受理。

第二章 公众参与的一般要求

第一节 公开环境信息

第七条 建设单位或者其委托的环境影响评价机构、环境保护行政主管部门应当按照本办法的规定，采用便于公众知悉的方式，向公众公开有关环境影响评价的信息。

第八条 在《建设项目环境分类管理名录》规定的环境敏感区建设的需要编制环境影响报告书的项目，建设单位应当在确定了承担环境影响评价工作的环境影响评价机构后7日内，向公众公告下列信息：

（一）建设项目的名称及概要；

（二）建设项目的建设单位的名称和联系方式；

（三）承担评价工作的环境影响评价机构的名称和联系方式；

（四）环境影响评价的工作程序和主要工作内容；

（五）征求公众意见的主要事项；

（六）公众提出意见的主要方式。

第九条 建设单位或者其委托的环境影响评价机构在编制环境影响报告书的过程中，应当在报送环境保护行政主管部门审批或者重新审核前，向公众公告如下内容：

（一）建设项目情况简述；

（二）建设项目对环境可能造成影响的概述；

（三）预防或者减轻不良环境影响的对策和措施的要点；

（四）环境影响报告书提出的环境影响评价结论的要点；

（五）公众查阅环境影响报告书简本的方式和期限，以及公众认为必要时向建设单位或者其委托的环境影响评价机构索取补充信息的方式和期限；

（六）征求公众意见的范围和主要事项；

（七）征求公众意见的具体形式；

（八）公众提出意见的起止时间。

第十条 建设单位或者其委托的环境影响评价机构，可以采取以下一种或者多种方式发布信息公告：

（一）在建设项目所在地的公共媒体上发布公告；

（二）公开免费发放包含有关公告信息的印刷品；

（三）其他便利公众知情的信息公告方式。

第十一条 建设单位或其委托的环境影响评价机构，可以采取以下一种或者多种方式，公开便于公众理解的环境影响评价报告书的简本：

（一）在特定场所提供环境影响报告书的简本；

（二）制作包含环境影响报告书的简本的专题网页；

（三）在公共网站或者专题网站上设置环境影响报告书的简本的链接；

（四）其他便于公众获取环境影响报告书的简本的方式。

第二节 征求公众意见

第十二条 建设单位或者其委托的环境影响评价机构应当在发布信息公告、

公开环境影响报告书的简本后，采取调查公众意见、咨询专家意见、座谈会、论证会、听证会等形式，公开征求公众意见。

建设单位或者其委托的环境影响评价机构征求公众意见的期限不得少于 10 日，并确保其公开的有关信息在整个征求公众意见的期限之内均处于公开状态。

环境影响报告书报送环境保护行政主管部门审批或者重新审核前，建设单位或者其委托的环境影响评价机构可以通过适当方式，向提出意见的公众反馈意见处理情况。

第十三条 环境保护行政主管部门应当在受理建设项目环境影响报告书后，在其政府网站或者采用其他便利公众知悉的方式，公告环境影响报告书受理的有关信息。

环境保护行政主管部门公告的期限不得少于10日，并确保其公开的有关信息在整个审批期限之内均处于公开状态。

环境保护行政主管部门根据本条第一款规定的方式公开征求意见后，对公众意见较大的建设项目，可以采取调查公众意见、咨询专家意见、座谈会、论证会、听证会等形式再次公开征求公众意见。

环境保护行政主管部门在作出审批或者重新审核决定后，应当在政府网站公告审批或者审核结果。

第十四条 公众可以在有关信息公开后，以信函、传真、电子邮件或者按照有关公告要求的其他方式，向建设单位或者其委托的环境影响评价机构、负责审批或者重新审核环境影响报告书的环境保护行政主管部门，提交书面意见。

第十五条 建设单位或者其委托的环境影响评价机构、环境保护行政主管部门，应当综合考虑地域、职业、专业知识背景、表达能力、受影响程度等因素，合理选择被征求意见的公民、法人或者其他组织。

被征求意见的公众必须包括受建设项目影响的公民、法人或者其他组织的代表。

第十六条 建设单位或者其委托的环境影响评价机构、环境保护行政主管部门应当将所回收的反馈意见的原始资料存档备查。

第十七条 建设单位或者其委托的环境影响评价机构，应当认真考虑公众意见，并在环境影响报告书中附具对公众意见采纳或者不采纳的说明。

环境保护行政主管部门可以组织专家咨询委员会，由其对环境影响报告书中有关公众意见采纳情况的说明进行审议，判断其合理性并提出处理建议。

环境保护行政主管部门在作出审批决定时，应当认真考虑专家咨询委员会的处理建议。

第十八条 公众认为建设单位或者其委托的环境影响评价机构对公众意见未采纳且未附具说明的，或者对公众意见未采纳的理由说明不成立的，可以向负责审批或者重新审核的环境保护行政主管部门反映，并附具明确具体的书面意见。

负责审批或者重新审核的环境保护行政主管部门认为必要时，可以对公众意见进行核实。

第三章 公众参与的组织形式

第一节 调查公众意见和咨询专家意见

第十九条 建设单位或者其委托的环境影响评价机构调查公众意见可以采取问卷调查等方式，并应当在环境影响报告书的编制过程中完成。

采取问卷调查方式征求公众意见的，调查内容的设计应当简单、通俗、明确、易懂，避免设计可能对公众产生明显诱导的问题。

问卷的发放范围应当与建设项目的影响范围相一致。

问卷的发放数量应当根据建设项目的具体情况，综合考虑环境影响的范围和程度、社会关注程度、组织公众参与所需要的人力和物力资源以及其他相关因素确定。

第二十条 建设单位或者其委托的环境影响评价机构咨询专家意见可以采用书面或者其他形式。

咨询专家意见包括向有关专家进行个人咨询或者向有关单位的专家进行集体咨询。

接受咨询的专家个人和单位应当对咨询事项提出明确意见，并以书面形式回复。对书面回复意见，个人应当签署姓名，单位应当加盖公章。

集体咨询专家时，有不同意见的，接受咨询的单位应当在咨询回复中载明。

第二节 座谈会和论证会

第二十一条 建设单位或者其委托的环境影响评价机构决定以座谈会或者论证会的方式征求公众意见的，应当根据环境影响的范围和程度、环境因素和评价因子等相关情况，合理确定座谈会或者论证会的主要议题。

第二十二条 建设单位或者其委托的环境影响评价机构应当在座谈会或者论证会召开 7 日前，将座谈会或者论证会的时间、地点、主要议题等事项，书面通知有关单位和个人。

第二十三条 建设单位或者其委托的环境影响评价机构应当在座谈会或者论证会结束后 5 日内，根据现场会议记录整理制作座谈会议纪要或者论证结论，并存档备查。

会议纪要或者论证结论应当如实记载不同意见。

第三节　听证会

第二十四条 建设单位或者其委托的环境影响评价机构（以下简称“听证会组织者”）决定举行听证会征求公众意见的，应当在举行听证会的 10 日前，在该建设项目可能影响范围内的公共媒体或者采用其他公众可知悉的方式，公告听证会的时间、地点、听证事项和报名办法。

第二十五条 希望参加听证会的公民、法人或者其他组织，应当按照听证会公告的要求和方式提出申请，并同时提出自己所持意见的要点。

听证会组织者应当按本办法第十五条的规定，在申请人中遴选参会代表，并在举行听证会的 5 日前通知已选定的参会代表。

听证会组织者选定的参加听证会的代表人数一般不得少于 15 人。

第二十六条 听证会组织者举行听证会，设听证主持人 1 名、记录员 1 名。

被选定参加听证会的组织的代表参加听证会时，应当出具该组织的证明，个人代表应当出具身份证明。

被选定参加听证会的代表因故不能如期参加听证会的，可以向听证会组织者提交经本人签名的书面意见。

第二十七条 参加听证会的人员应当如实反映对建设项目环境影响的意见，遵守听证会纪律，并保守有关技术秘密和业务秘密。

第二十八条 听证会必须公开举行。

个人或者组织可以凭有效证件按第二十四条所指公告的规定，向听证会组织者申请旁听公开举行的听证会。

准予旁听听证会的人数及人选由听证会组织者根据报名人数和报名顺序确定。准予旁听听证会的人数一般不得少于 15 人。

旁听人应当遵守听证会纪律。旁听者不享有听证会发言权，但可以在听证会结束后，向听证会主持人或者有关单位提交书面意见。

第二十九条 新闻单位采访听证会，应当事先向听证会组织者申请。

第三十条 听证会按下列程序进行：

（一）听证会主持人宣布听证事项和听证会纪律，介绍听证会参加人；

（二）建设单位的代表对建设项目概况作介绍和说明；

（三）环境影响评价机构的代表对建设项目环境影响报告书做说明；

（四）听证会公众代表对建设项目环境影响报告书提出问题和意见；

（五）建设单位或者其委托的环境影响评价机构的代表对公众代表提出的问题和意见进行解释和说明；

（六）听证会公众代表和建设单位或者其委托的环境影响评价机构的代表进行辩论；

（七）听证会公众代表做最后陈述；

（八）主持人宣布听证结束。

第三十一条 听证会组织者对听证会应当制作笔录。

听证笔录应当载明下列事项：

（一）听证会主要议题；

（二）听证主持人和记录人员的姓名、职务；

（三）听证参加人的基本情况；

（四）听证时间、地点；

（五）建设单位或者其委托的环境影响评价机构的代表对环境影响报告书所作的概要说明；

（六）听证会公众代表对建设项目环境影响报告书提出的问题和意见；

（七）建设单位或者其委托的环境影响评价机构代表对听证会公众代表就环境影响报告书提出问题和意见所作的解释和说明；

（八）听证主持人对听证活动中有关事项的处理情况；

（九）听证主持人认为应笔录的其他事项。

听证结束后，听证笔录应当交参加听证会的代表审核并签字。无正当理由拒绝签字的，应当记入听证笔录。

第三十二条 审批或者重新审核环境影响报告书的环境保护行政主管部门决定举行听证会的，适用《环境保护行政许可听证暂行办法》的规定。《环境保护行政许可听证暂行办法》未作规定的，适用本办法有关听证会的规定。

第四章　公众参与规划环境影响评价的规定

第三十三条　根据《环境影响评价法》第八条和第十一条的规定，工业、农业、畜牧业、林业、能源、水利、交通、城市建设、旅游、自然资源开发的有关专项规划（以下简称“专项规划”）的编制机关，对可能造成不良环境影响并直接涉及公众环境权益的规划，应当在该规划草案报送审批前，举行论证会、听证会，或者采取其他形式，征求有关单位、专家和公众对环境影响报告书草案的意见。

第三十四条　专项规划的编制机关应当认真考虑有关单位、专家和公众对环境影响报告书草案的意见，并应当在报送审查的环境影响报告书中附具对意见采纳或者不采纳的说明。

第三十五条　环境保护行政主管部门根据《环境影响评价法》第十一条和《国务院关于落实科学发展观　加强环境保护的决定》的规定，在召集有关部门专家和代表对开发建设规划的环境影响报告书中有关公众参与的内容进行审查时，应当重点审查以下内容：

（一）专项规划的编制机关在该规划草案报送审批前，是否依法举行了论证会、听证会，或者采取其他形式，征求了有关单位、专家和公众对环境影响报告书草案的意见；

（二）专项规划的编制机关是否认真考虑了有关单位、专家和公众对环境影响报告书草案的意见，并在报送审查的环境影响报告书中附具了对意见采纳或者不采纳的说明。

第三十六条　环境保护行政主管部门组织对开发建设规划的环境影响报告书提出审查意见时，应当就公众参与内容的审查结果提出处理建议，报送审批机关。

审批机关在审批中应当充分考虑公众意见以及前款所指审查意见中关于公众参与内容审查结果的处理建议；未采纳审查意见中关于公众参与内容的处理建议的，应当作出说明，并存档备查。

第三十七条　土地利用的有关规划、区域、流域、海域的建设、开发利用规划的编制机关，应当根据《环境影响评价法》第七条和《国务院关于落实科学发展观　加强环境保护的决定》的有关规定，在规划编制过程中组织进行环境影响评价，编写该规划有关环境影响的篇章或者说明。

土地利用的有关规划、区域、流域、海域的建设、开发利用规划的编制机关，在组织进行规划环境影响评价的过程中，可以参照本办法征求公众意见。

第五章　附　则

第三十八条　公众参与环境影响评价的技术性规范，由《环境影响评价技术导则—公众参与》规定。

第三十九条　本办法关于期限的规定是指工作日，不含节假日。

第四十条　本办法自 2006 年 3 月 18 日起施行。

国家环境保护总局令

第35号

《环境信息公开办法（试行）》已于2007年2月8日经国家环境保护总局2007年第一次局务会议通过，现予公布，自2008年5月1日起施行。

局　长　周生贤

二〇〇七年四月十一日

环境信息公开办法（试行）

第一章　总　则

第一条　为了推进和规范环境保护行政主管部门（以下简称环保部门）以及企业公开环境信息，维护公民、法人和其他组织获取环境信息的权益，推动公众参与环境保护，依据《中华人民共和国政府信息公开条例》《中华人民共和国清洁生产促进法》和《国务院关于落实科学发展观　加强环境保护的决定》以及其他有关规定，制定本办法。

第二条　本办法所称环境信息，包括政府环境信息和企业环境信息。

政府环境信息，是指环保部门在履行环境保护职责中制作或者获取的，以一定形式记录、保存的信息。

企业环境信息，是指企业以一定形式记录、保存的，与企业经营活动产生的环境影响和企业环境行为有关的信息。

第三条　国家环境保护总局负责推进、指导、协调、监督全国的环境信息公开工作。

县级以上地方人民政府环保部门负责组织、协调、监督本行政区域内的环境信息公开工作。

第四条　环保部门应当遵循公正、公平、便民、客观的原则，及时、准确地公开政府环境信息。

企业应当按照自愿公开与强制性公开相结合的原则，及时、准确地公开企业环境信息。

第五条 公民、法人和其他组织可以向环保部门申请获取政府环境信息。

第六条 环保部门应当建立、健全环境信息公开制度。

国家环境保护总局由办公厅作为本部门政府环境信息公开工作的组织机构，各业务机构按职责分工做好本领域政府环境信息公开工作。

县级以上地方人民政府环保部门根据实际情况自行确定本部门政府环境信息公开工作的组织机构，负责组织实施本部门的政府环境信息公开工作。

环保部门负责政府环境信息公开工作的组织机构的具体职责是：

（一）组织制定本部门政府环境信息公开的规章制度、工作规则；

（二）组织协调本部门各业务机构的政府环境信息公开工作；

（三）组织维护和更新本部门公开的政府环境信息；

（四）监督考核本部门各业务机构政府环境信息公开工作；

（五）组织编制本部门政府环境信息公开指南、政府环境信息公开目录和政府环境信息公开工作年度报告；

（六）监督指导下级环保部门政府环境信息公开工作；

（七）监督本辖区企业环境信息公开工作；

（八）负责政府环境信息公开前的保密审查；

（九）本部门有关环境信息公开的其他职责。

第七条 公民、法人和其他组织使用公开的环境信息，不得损害国家利益、公共利益和他人的合法权益。

第八条 环保部门应当从人员、经费方面为本部门环境信息公开工作提供保障。

第九条 环保部门发布政府环境信息依照国家有关规定需要批准的，未经批准不得发布。

第十条 环保部门公开政府环境信息，不得危及国家安全、公共安全、经济安全和社会稳定。

第二章 政府环境信息公开

第一节 公开的范围

第十一条 环保部门应当在职责权限范围内向社会主动公开以下政府环境信息：

（一）环境保护法律、法规、规章、标准和其他规范性文件；

（二）环境保护规划；

（三）环境质量状况；

（四）环境统计和环境调查信息；

（五）突发环境事件的应急预案、预报、发生和处置等情况；

（六）主要污染物排放总量指标分配及落实情况，排污许可证发放情况，城市环境综合整治定量考核结果；

（七）大、中城市固体废物的种类、产生量、处置状况等信息；

（八）建设项目环境影响评价文件受理情况，受理的环境影响评价文件的审批结果和建设项目竣工环境保护验收结果，其他环境保护行政许可的项目、依据、条件、程序和结果；

（九）排污费征收的项目、依据、标准和程序，排污者应当缴纳的排污费数额、实际征收数额以及减免缓情况；

（十）环保行政事业性收费的项目、依据、标准和程序；

（十一）经调查核实的公众对环境问题或者对企业污染环境的信访、投诉案件及其处理结果；

（十二）环境行政处罚、行政复议、行政诉讼和实施行政强制措施的情况；

（十三）污染物排放超过国家或者地方排放标准，或者污染物排放总量超过地方人民政府核定的排放总量控制指标的污染严重的企业名单；

（十四）发生重大、特大环境污染事故或者事件的企业名单，拒不执行已生效的环境行政处罚决定的企业名单；

（十五）环境保护创建审批结果；

（十六）环保部门的机构设置、工作职责及其联系方式等情况；

（十七）法律、法规、规章规定应当公开的其他环境信息。

环保部门应当根据前款规定的范围编制本部门的政府环境信息公开目录。

第十二条 环保部门应当建立健全政府环境信息发布保密审查机制，明确审查的程序和责任。

环保部门在公开政府环境信息前，应当依照《中华人民共和国保守国家秘密法》以及其他法律、法规和国家有关规定进行审查。

环保部门不得公开涉及国家秘密、商业秘密、个人隐私的政府环境信息。但是，经权利人同意或者环保部门认为不公开可能对公共利益造成重大影响的涉及商业秘密、个人隐私的政府环境信息，可以予以公开。

环保部门对政府环境信息不能确定是否可以公开时，应当依照法律、法规和国家有关规定报有关主管部门或者同级保密工作部门确定。

第二节 公开的方式和程序

第十三条 环保部门应当将主动公开的政府环境信息，通过政府网站、公报、新闻发布会以及报刊、广播、电视等便于公众知晓的方式公开。

第十四条 属于主动公开范围的政府环境信息，环保部门应当自该环境信息形成或者变更之日起 20 个工作日内予以公开。法律、法规对政府环境信息公开的期限另有规定的，从其规定。

第十五条 环保部门应当编制、公布政府环境信息公开指南和政府环境信息公开目录，并及时更新。

政府环境信息公开指南，应当包括信息的分类、编排体系、获取方式，政府环境信息公开工作机构的名称、办公地址、办公时间、联系电话、传真号码、电子邮箱等内容。

政府环境信息公开目录，应当包括索引、信息名称、信息内容的概述、生成日期、公开时间等内容。

第十六条 公民、法人和其他组织依据本办法第五条规定申请环保部门提供政府环境信息的，应当采用信函、传真、电子邮件等书面形式；采取书面形式确有困难的，申请人可以口头提出，由环保部门政府环境信息公开工作机构代为填写政府环境信息公开申请。

政府环境信息公开申请应当包括下列内容：

（一）申请人的姓名或者名称、联系方式；

（二）申请公开的政府环境信息内容的具体描述；

（三）申请公开的政府环境信息的形式要求。

第十七条 对政府环境信息公开申请，环保部门应当根据下列情况分别作出答复：

（一）申请公开的信息属于公开范围的，应当告知申请人获取该政府环境信息的方式和途径；

（二）申请公开的信息属于不予公开范围的，应当告知申请人该政府环境信息不予公开并说明理由；

（三）依法不属于本部门公开或者该政府环境信息不存在的，应当告知申请人；对于能够确定该政府环境信息的公开机关的，应当告知申请人该行政机关的名称和联系方式；

（四）申请内容不明确的，应当告知申请人更改、补充申请。

第十八条 环保部门应当在收到申请之日起 15 个工作日内予以答复；不能在 15 个工作日内作出答复的，经政府环境信息公开工作机构负责人同意，可以适当延长答复期限，并书面告知申请人，延长答复的期限最长不得超过 15 个工作日。

第三章 企业环境信息公开

第十九条 国家鼓励企业自愿公开下列企业环境信息：

（一）企业环境保护方针、年度环境保护目标及成效；

（二）企业年度资源消耗总量；

（三）企业环保投资和环境技术开发情况；

（四）企业排放污染物种类、数量、浓度和去向；

（五）企业环保设施的建设和运行情况；

（六）企业在生产过程中产生的废物的处理、处置情况，废弃产品的回收、综合利用情况；

（七）与环保部门签订的改善环境行为的自愿协议；

（八）企业履行社会责任的情况；

（九）企业自愿公开的其他环境信息。

第二十条 列入本办法第十一条第一款第（十三）项名单的企业，应当向社会公开下列信息：

（一）企业名称、地址、法定代表人；

（二）主要污染物的名称、排放方式、排放浓度和总量、超标、超总量情况；

（三）企业环保设施的建设和运行情况；

（四）环境污染事故应急预案。

企业不得以保守商业秘密为借口，拒绝公开前款所列的环境信息。

第二十一条 依照本办法第二十条规定向社会公开环境信息的企业，应当在环保部门公布名单后30日内，在所在地主要媒体上公布其环境信息，并将向社会公开的环境信息报所在地环保部门备案。

环保部门有权对企业公布的环境信息进行核查。

第二十二条 依照本办法第十九条规定自愿公开环境信息的企业，可以将其环境信息通过媒体、互联网等方式，或者通过公布企业年度环境报告的形式向社会公开。

第二十三条 对自愿公开企业环境行为信息、且模范遵守环保法律法规的企业，环保部门可以给予下列奖励：

（一）在当地主要媒体公开表彰；

（二）依照国家有关规定优先安排环保专项资金项目；

（三）依照国家有关规定优先推荐清洁生产示范项目或者其他国家提供资金补助的示范项目；

（四）国家规定的其他奖励措施。

第四章 监督与责任

第二十四条 环保部门应当建立健全政府环境信息公开工作考核制度、社会评议制度和责任追究制度，定期对政府环境信息公开工作进行考核、评议。

第二十五条 环保部门应当在每年3月31日前公布本部门的政府环境信息公开工作年度报告。

政府环境信息公开工作年度报告应当包括下列内容：

（一）环保部门主动公开政府环境信息的情况；

（二）环保部门依申请公开政府环境信息和不予公开政府环境信息的情况；

（三）因政府环境信息公开申请行政复议、提起行政诉讼的情况；

（四）政府环境信息公开工作存在的主要问题及改进情况；

（五）其他需要报告的事项。

第二十六条 公民、法人和其他组织认为环保部门不依法履行政府环境信息公开义务的，可以向上级环保部门举报。收到举报的环保部门应当督促下级环保部门依法履行政府环境信息公开义务。

公民、法人和其他组织认为环保部门在政府环境信息公开工作中的具体行政行为侵犯其合法权益的，可以依法申请行政复议或者提起行政诉讼。

第二十七条 环保部门违反本办法规定，有下列情形之一的，上一级环保部门应当责令其改正；情节严重的，对负有直接责任的主管人员和其他直接责任人员依法给予行政处分：

（一）不依法履行政府环境信息公开义务的；

（二）不及时更新政府环境信息内容、政府环境信息公开指南和政府环境信息公开目录的；

（三）在公开政府环境信息过程中违反规定收取费用的；

（四）通过其他组织、个人以有偿服务方式提供政府环境信息的；

（五）公开不应当公开的政府环境信息的；

（六）违反本办法规定的其他行为。

第二十八条 违反本办法第二十条规定，污染物排放超过国家或者地方排放标准，或者污染物排放总量超过地方人民政府核定的排放总量控制指标的污染严重的企业，不公布或者未按规定要求公布污染物排放情况的，由县级以上地方人民政府环保部门依据《中华人民共和国清洁生产促进法》的规定，处十万元以下罚款，并代为公布。

第五章 附 则

第二十九条 本办法自 2008 年 5 月 1 日起施行。

环境保护部令

第 31 号

《企业事业单位环境信息公开办法》已于 2014 年 12 月 15 日由环境保护部部务会议审议通过，现予公布，自 2015 年 1 月 1 日起施行。

部　长　周生贤

2014 年 12 月 19 日

附件

企业事业单位环境信息公开办法

第一条　为维护公民、法人和其他组织依法享有获取环境信息的权利，促进企业事业单位如实向社会公开环境信息，推动公众参与和监督环境保护，根据《中华人民共和国环境保护法》《企业信息公示暂行条例》等有关法律法规，制定本办法。

第二条　环境保护部负责指导、监督全国企业事业单位环境信息公开工作。

县级以上环境保护主管部门负责指导、监督本行政区域内的企业事业单位环境信息公开工作。

第三条　企业事业单位应当按照强制公开和自愿公开相结合的原则，及时、如实地公开其环境信息。

第四条　环境保护主管部门应当建立健全指导、监督企业事业单位环境信息公开工作制度。环境保护主管部门开展指导、监督企业事业单位环境信息公开工作所需经费，应当列入本部门的行政经费预算。

有条件的环境保护主管部门可以建设企业事业单位环境信息公开平台。

企业事业单位应当建立健全本单位环境信息公开制度，指定机构负责本单位环境信息公开日常工作。

第五条　环境保护主管部门应当根据企业事业单位公开的环境信息及政府部

门环境监管信息，建立企业事业单位环境行为信用评价制度。

第六条 企业事业单位环境信息涉及国家秘密、商业秘密或者个人隐私的，依法可以不公开；法律、法规另有规定的，从其规定。

第七条 设区的市级人民政府环境保护主管部门应当于每年 3 月底前确定本行政区域内重点排污单位名录，并通过政府网站、报刊、广播、电视等便于公众知晓的方式公布。

环境保护主管部门确定重点排污单位名录时，应当综合考虑本行政区域的环境容量、重点污染物排放总量控制指标的要求，以及企业事业单位排放污染物的种类、数量和浓度等因素。

第八条 具备下列条件之一的企业事业单位，应当列入重点排污单位名录：

（一）被设区的市级以上人民政府环境保护主管部门确定为重点监控企业的；

（二）具有试验、分析、检测等功能的化学、医药、生物类省级重点以上实验室、二级以上医院、污染物集中处置单位等污染物排放行为引起社会广泛关注的或者可能对环境敏感区造成较大影响的；

（三）三年内发生较大以上突发环境事件或者因环境污染问题造成重大社会影响的；

（四）其他有必要列入的情形。

第九条 重点排污单位应当公开下列信息：

（一）基础信息，包括单位名称、组织机构代码、法定代表人、生产地址、联系方式，以及生产经营和管理服务的主要内容、产品及规模；

（二）排污信息，包括主要污染物及特征污染物的名称、排放方式、排放口数量和分布情况、排放浓度和总量、超标情况，以及执行的污染物排放标准、核定的排放总量；

（三）防治污染设施的建设和运行情况；

（四）建设项目环境影响评价及其他环境保护行政许可情况；

（五）突发环境事件应急预案；

（六）其他应当公开的环境信息。

列入国家重点监控企业名单的重点排污单位还应当公开其环境自行监测方案。

第十条 重点排污单位应当通过其网站、企业事业单位环境信息公开平台或者当地报刊等便于公众知晓的方式公开环境信息，同时可以采取以下一种或者几种方式予以公开：

（一）公告或者公开发行的信息专刊；

（二）广播、电视等新闻媒体；

（三）信息公开服务、监督热线电话；

（四）本单位的资料索取点、信息公开栏、信息亭、电子屏幕、电子触摸屏等场所或者设施；

（五）其他便于公众及时、准确获得信息的方式。

第十一条 重点排污单位应当在环境保护主管部门公布重点排污单位名录后九十日内公开本办法第九条规定的环境信息；环境信息有新生成或者发生变更情形的，重点排污单位应当自环境信息生成或者变更之日起三十日内予以公开。法律、法规另有规定的，从其规定。

第十二条 重点排污单位之外的企业事业单位可以参照本办法第九条、第十条和第十一条的规定公开其环境信息。

第十三条 国家鼓励企业事业单位自愿公开有利于保护生态、防治污染、履行社会环境责任的相关信息。

第十四条 环境保护主管部门有权对重点排污单位环境信息公开活动进行监督检查。被检查者应当如实反映情况，提供必要的资料。

第十五条 环境保护主管部门应当宣传和引导公众监督企业事业单位环境信息公开工作。

公民、法人和其他组织发现重点排污单位未依法公开环境信息的，有权向环境保护主管部门举报。接受举报的环境保护主管部门应当对举报人的相关信息予以保密，保护举报人的合法权益。

第十六条 重点排污单位违反本办法规定，有下列行为之一的，由县级以上环境保护主管部门根据《中华人民共和国环境保护法》的规定责令公开，处三万元以下罚款，并予以公告：

（一）不公开或者不按照本办法第九条规定的内容公开环境信息的；

（二）不按照本办法第十条规定的方式公开环境信息的；

（三）不按照本办法第十一条规定的时限公开环境信息的；

（四）公开内容不真实、弄虚作假的。

法律、法规另有规定的，从其规定。

第十七条 本办法由国务院环境保护主管部门负责解释。

第十八条 本办法自 2015 年 1 月 1 日起施行。

关于印发《建设项目环境影响评价信息公开机制方案》的通知

环发〔2015〕162号

各省、自治区、直辖市环境保护厅（局），新疆生产建设兵团环境保护局：

为贯彻落实《生态文明体制改革总体方案》，健全环境治理体系，完善建设项目环境影响评价信息公开机制，我部研究制定了《建设项目环境影响评价信息公开机制方案》，现印发给你们，请认真贯彻实施。

附件：建设项目环境影响评价信息公开机制方案

环境保护部

2015年12月10日

附件：

建设项目环境影响评价信息公开机制方案

根据《生态文明体制改革总体方案》，为健全环境治理体系，完善环境信息公开制度，制定本方案。

一、总体要求

（一）指导思想。深入贯彻落实中共中央国务院《生态文明体制改革总体方案》和习近平总书记关于生态文明系列重要讲话精神，引导人民群众树立环境保护意识，保障公众依法有序行使环境保护知情权、参与权和监督权，加强环境影响评价工作的公开、透明，强化对建设单位的监督约束，推进环评“阳光审批”，实现建设项目环评信息的全过程、全覆盖公开，推进形成多方参与、全社会齐心共治的环境治理体系。

（二）基本原则

明确公开主体。建设单位是建设项目选址、建设、运营全过程环境信息公开的主体，是建设项目环境影响报告书（表）相关信息和审批后环境保护措施落实情况公开的主体；各级环境保护主管部门是建设项目环评政府信息公开的主体。

依法公开信息。依据《环境保护法》《大气污染防治法》《环境影响评价法》《政府信息公开条例》以及《环境信息公开办法（试行）》《企事业单位环境信息公开办法》等相关规定，信息公开主体依法依规公开建设项目环评信息，其中涉及国家秘密、商业秘密、个人隐私以及国家安全、公共安全、经济安全和社会稳定等内容，应当按国家有关法律、法规规定不予公开。

保障公众权益。通过健全建设项目环评信息公开机制，确保公众能够方便获取建设单位和环境保护主管部门建设项目环评信息，畅通公众参与和社会监督渠道，保障可能受建设项目环境影响的公众环境权益。

强化监督约束。健全环境保护主管部门内部环评信息监督机制，建立环境保护主管部门对建设单位环评信息公开约束机制，对未按相关规定履行环评信息公开义务的，依照相关规定追究其责任。

（三）主要目标。到 2016 年底，建立全过程、全覆盖的建设项目环评信息公开机制，保障公众对项目建设的环境影响知情权、参与权和监督权。

二、建立建设单位环评信息公开机制

（四）全面推进建设单位环评信息全过程公开。强化建设单位主体责任，明确建设单位既是建设项目环评公众参与和履行环境责任的主体，也是建设项目环评信息公开的主体，全面规范建设单位环评信息公开范围、公开时段、公开内容、公开程序、公开方式。

（五）公开环境影响报告书编制信息。根据建设项目环评公众参与相关规定，建设单位在建设项目环境影响报告书编制过程中，应当向社会公开建设项目的工程基本情况、拟定选址选线、周边主要保护目标的位置和距离、主要环境影响预测情况、拟采取的主要环境保护措施、公众参与的途径方式等。

（六）公开环境影响报告书（表）全本。根据《大气污染防治法》，建设单位在建设项目环境影响报告书（表）编制完成后，向环境保护主管部门报批前，应当向社会公开环境影响报告书（表）全本，其中对于编制环境影响报告书的建设项目还应一并公开公众参与情况说明。报批过程中，如对环境影响报告书（表）进一步修改，应及时公开最后版本。

（七）公开建设项目开工前的信息。建设项目开工建设前，建设单位应当向社会公开建设项目开工日期、设计单位、施工单位和环境监理单位、工程基本情况、实际选址选线、拟采取的环境保护措施清单和实施计划、由地方政府或相关部门负责配套的环境保护措施清单和实施计划等，并确保上述信息在整个施工期内均处于公开状态。

（八）公开建设项目施工过程中的信息。项目建设过程中，建设单位应当在施工中期向社会公开建设项目环境保护措施进展情况、施工期的环境保护措施落实情况、施工期环境监理情况、施工期环境监测结果等。

（九）公开建设项目建成后的信息。建设项目建成后，建设单位应当向社会公开建设项目环评提出的各项环境保护设施和措施执行情况、竣工环境保护验收监测和调查结果。对主要因排放污染物对环境产生影响的建设项目，投入生产或使用后，应当定期向社会特别是周边社区公开主要污染物排放情况。

三、健全环境保护主管部门环评信息公开机制

（十）全面推进环境保护主管部门环评信息全过程公开。各级环境保护主管部门应当通过本部门政府网站公开环评相关法律、法规、规章及审批指南，公开建设项目环评审批、竣工环境保护验收和环评资质的受理、审查和审批决定等政府信息。

（十一）公开建设项目环境影响报告书（表）受理信息。各级环境保护主管部门在受理建设项目环境影响报告书（表）后，应当向社会公开项目名称、建设地点、建设单位、环评机构、受理日期等受理情况，并公开环境影响报告书（表）全本（除涉及国家秘密和商业秘密等内容外）。

（十二）公开建设项目环境影响报告书（表）审查信息。各级环境保护主管部门在对建设项目环境影响报告书（表）进行审查时，应当向社会公开项目名称、建设地点、建设单位、环评机构、项目概况、主要环境影响和环境保护对策与措施、建设单位开展的公众参与情况、相关部门意见等，告知申请人和利害关系人听证权利。

（十三）公开建设项目环境影响报告书（表）审批信息。各级环境保护主管部门在对建设项目环境影响报告书（表）作出批准或不予批准的审批决定后，应当

向社会公开文件名称、文号、时间等审批情况并公开审批决定全文，告知申请人和利害关系人行政复议与行政诉讼权利。

（十四）公开建设项目全过程监管信息。在项目建设过程中，环境保护主管部门发现建设项目存在“未批先建”、擅自发生重大变动、不落实“三同时”及违法建成投入生产或使用等违法情况，应当向社会公开，同时公开对违法建设单位下达的限期整改、行政处罚等法律责任追究以及建设单位限期整改落实情况相关信息。建设项目投入生产或使用后，环境保护主管部门应当公开建设项目环竣工环境保护验收结果。

（十五）公开环评资质管理信息。环境保护部向社会全面公开环评机构和从业人员的资质审查情况、批准结果以及对违规行为的处理情况。环境保护部政府网站设立环评资质信息专栏，将所有环评机构和从业人员的资质信息和诚信记录全部公开。地方各级环境保护主管部门通过本部门政府网站建立环评机构和环评人员诚信记录系统，向社会公布日常考核和年度考核情况。

（十六）发布重要环评政策信息。建立与媒体沟通机制，积极宣传环评领域主要工作进展及成果，解读最新发布的环评管理政策。对涉及环评的敏感、突发、重大事件及时发声、积极引导、正面宣传、做好解释。

（十七）依法做好依申请信息公开。各级环境保护主管部门除公开上述环评政府信息之外，还应当按照国家和地方有关政府信息公开规定，对公民、法人和其他组织申请获取其他环评政府信息依法按程序办理。

四、建立健全环评信息公开监督约束机制

（十八）加快修订相关法规规章。修订《建设项目环境保护管理条例》，建立建设项目环境保护管理全过程信息公开机制。修订《环境信息公开办法（试行）》，进一步强化环评信息公开相关规定。修订《建设项目环境影响评价公众参与暂行办法》，规范环评公众参与的范围、时段、内容、程序、方式等。

（十九）强化信息公开的监督约束。健全环境保护主管部门内部监督机制，对未按相关规定公开环评政府信息的有关环境保护主管部门，依据《政府信息公开条例》《环境信息公开办法（试行）》等相关规定，追究其行政责任或其他法律责任。建立环境保护主管部门对建设单位环评信息公开的约束机制，对未按《环境保护法》等相关规定公开建设项目环评信息开展公众参与、未按《大气污染防治法》公开环境影响报告书（表）全本的建设单位，环境保护主管部门不予受理和

审批其建设项目环境影响报告书（表）；对未按相关规定公开其他环评信息的建设单位，依据相关规定追究其法律责任。

（二十）积极回应社会监督。环境保护主管部门可通过官方网站、开通官方微博和微信公众号等多种形式发布建设项目环评信息，对于公众反映的建设项目重要环境问题或举报的环评违法问题，应当依法予以核实处理并反馈。建设单位可通过互联网或其他媒体形式建立建设项目环评信息发布平台，对于公众反映的建设项目有关环境问题，应当给予高度关注并妥善解决。在建设项目立项前期、环境影响报告书（表）编制期、施工期和建成运营期，建立与公众信息沟通和意见反馈机制，履行好社会责任和环境责任。

三、地方政策

北京市环境保护局关于加强建设项目环境影响评价公众参与有关问题的通知

京环发〔2007〕34 号

各区县环保局、北京经济技术开发区环保局，各评价机构及其他有关单位：

加强环境影响评价公众参与是保障公众环境权益，加强环境决策民主化的重要内容。国家环保总局颁布的《环境影响评价公众参与暂行办法》（以下简称《暂行办法》），进行了环境影响评价中公众参与制度化的探索。《暂行办法》中明确规定，信息公开工作主要包括两项内容：公开环境信息及征求公众意见。公开环境信息是充分征求意见的前提，有效征求公众意见是实施公众参与的关键。为强化环评公众参与工作，切实落实《暂行办法》的有关规定，现就有关问题通知如下：

一、在环评过程中各建设及其委托的环评机构要抓好公众参与的"三个阶段"，主动公开环境信息

在环评开始阶段，建设单位应严格按照《暂行办法》规定，采取多种方式（如公共媒体、网站、特定场所等）公告项目名称和概要、建设单位和环评机构的名称及联系方式等信息。

在环评进行阶段，建设单位或者其委托的环评机构应当严格按照《暂行办法》规定，采取多种方式（如公共媒体、网站、特定场所等）公告建设项目情况简述、建设项目对环境可能造成影响的概述等内容，向公众提供报告书简本。

在环评申报阶段，建设单位或者其委托的环评机构应当严格按照《暂行办法》规定，将项目环境信息公开过程作为公众参与篇章的一部分写入报告书。

二、市环保局在审查中要做到三个"不受理"，保证公众参与的有效性

在审查环评文件时，对于按照国家规定应当征求公众意见的建设项目，严格审查其环境影响报告书中公众参与篇章有关内容，对于没有做到环境信息公开的不受理；没有公众参与篇章的不受理；没有对公众意见采纳、不采纳意见说明的不受理。

三、为进一步加大信息公开力度，自 2007 年 3 月 18 日起，凡报送北京市环境保护局审批的环境影响报告书或报告表项目，各项目单位在网上申报时须报送

《建设项目环境影响评价基本情况表》（见附件），报告书项目同时须报送环评报告书简本电子版。我们将充分发挥网络作用，在我局官方网站上公布项目有关信息，保障群众环境知情权。

四、各区县环保局和北京经济技术开发区环保局也应充分利用现有条件，采取切实可行的措施，对环评审批过程中的信息进行公开。

附件：建设项目环境影响基本情况表

二〇〇七年三月七日

建设项目环境影响基本情况表

<table>
<tr><td>项目名称</td><td colspan="5"></td></tr>
<tr><td>建设项目
主要内容</td><td colspan="5">应包括：项目概况、主要污染物及排放情况、评价标准、拟采取的污染防治措施、环境影响评价结论、涉及公众参与的应包括公众参与有关内容。</td></tr>
<tr><td>建设单位</td><td></td><td>项目负责人</td><td></td><td>联系
电话</td><td></td></tr>
<tr><td>环评单位
名称</td><td></td><td>项目负责人</td><td></td><td>联系
电话</td><td></td></tr>
</table>

天津市环保局关于进一步加大环境影响评价公众参与和政务信息公开工作的通知

各区县环保局：

为贯彻落实环保部《关于切实加强风险防范严格环境影响评价管理的通知》（环发〔2012〕98号）精神和《环境影响评价公众参与暂行办法》（以下简称《暂行办法》）的有关规定，进一步加大环境影响评价公众参与和政务信息公开工作，切实保障公众对环境保护的参与权、知情权和监督权，现将有关要求强调通知如下：

各区县环保部门要督促建设单位严格按照《暂行办法》等文件的规定，做好相关工作。对编制环境影响报告书的项目，建设单位在开展环境影响评价的过程中，应当在报纸、网站和相关基层组织信息公告栏中，向公众公告项目的环境影响信息。环保部门在项目环境影响报告书的受理和审批中，要将公众参与情况作为审查重点，对公众参与的过程合法性、形式有效性、对象代表性、结果真实性等进行全面深入的审查；对其中公众提出的反对意见要高度关注，着重了解建设单位对公众所持反对意见的处理和落实情况。对存在公众参与范围过小、代表性差、原始材料缺失、程序不符合要求甚至弄虚作假等问题的项目环境影响报告书，一律不予受理和审批。

各级环保部门要按照环保部《暂行办法》及2012年51号公告等文件的规定，进一步做好建设项目环境影响报告书简本等信息公开和征求公众意见等工作。需编制环境影响报告书的项目，报告书简本作为项目受理条件之一，与建设项目环境影响评价文件受理情况同时在具有审批权的环保部门网站上公布（涉密项目除外）。报告书简本内容须按照《关于发布〈建设项目环境影响报告书简本编制要求〉的公告》（公告 2012年 第51号）要求进行编制。对群众信访、投诉中涉及环境权益之外的其他方面诉求、反映强烈的，要及时与相关部门沟通，并向本级政府作出报告，配合做好有关工作。

2012年11月23日

河北省第十二届人民代表大会常务委员会
公　告

第 42 号

《河北省环境保护公众参与条例》已经河北省第十二届人民代表大会常务委员会第十一次会议于 2014 年 11 月 28 日通过，现予公布，自 2015 年 1 月 1 日起施行。

2014 年 11 月 28 日

河北省环境保护公众参与条例

（2014 年 11 月 28 日河北省第十二届人民代表大会常务委员会第十一次会议通过）

第一章　总　则

第一条　为保障公众对环境保护的知情权、参与权和监督权，推进生态文明建设，创造良好的生产生活环境，根据《中华人民共和国环境保护法》等有关法律、行政法规，结合本省实际，制定本条例。

第二条　本省行政区域内环境保护公众参与活动及相关管理工作，适用本条例。

第三条　本条例所称公众参与，是指公民、法人和其他组织为了保护和改善环境，维护自身环境权益或者社会公共环境利益，依法获取环境信息、参与环境决策、监督环境执法和促进环境法律、法规实施等活动。

第四条　环境保护公众参与应当遵循依法、有序、公开、便利的原则。

第五条　公众依法享有获取相关环境信息，对环境决策、行政许可以及环境执法表达意见和建议，对环境违法行为和环境保护工作中不依法履行职责的行为进行举报，寻求行政或者司法救济、提起环境公益诉讼等权利。

第六条　公众应当主动接受环境保护教育，增强环境保护意识，采取绿色、低碳、节俭的生活方式，自觉履行环境保护义务。

公众参与本条例规定的事项或者活动，不得损害国家利益、社会公共利益和他人的合法权益。

第七条 企业应当依法公开环境信息，自觉履行企业环境责任，主动接受公众的监督。

第八条 县级以上人民政府及其有关部门应当依法公开环境信息，征求公众意见，及时答复公众的意见、建议和举报，为公众参与和监督环境保护提供便利。

县级以上人民政府应当建立健全相关协调和奖励机制，鼓励和支持公众积极参与环境保护。

第九条 县级以上人民政府环境保护主管部门负责本行政区域内的环境保护公众参与工作。

发展改革、国土资源、交通运输、住房城乡建设、工业和信息化、农业、林业、水利、商务、公安等其他负有环境保护监督管理职责的部门，应当在各自职责范围内做好环境保护公众参与工作。

第二章 环境信息的公开与获取

第十条 负有环境保护监督管理职责的部门应当依法公开环境保护法规、规章及其他规范性文件，生态环境功能区划、自然资源开发利用状况，环境质量、环境监测、突发环境事件、行政许可、行政处罚、重点排污单位和违法企业名单、排污费的征收和使用情况，生态环境保护目标完成情况的考核结果等环境信息。

负有环境保护监督管理职责的部门应当依照国家和本省有关规定，编制本部门的政府环境信息公开指南和政府环境信息公开目录，并及时更新。政府环境信息公开指南应当明确政府环境信息公开的范围、形式、内容、申请程序和监督方式等事项。

第十一条 负有环境保护监督管理职责的部门对属于依法主动公开范围内的政府环境信息，应当自该信息制作或者变更之日起二十个工作日内予以公开，公开的时间不得少于三十个工作日。法律、法规对政府环境信息公开的时间和期限另有规定的，从其规定。

负有环境保护监督管理职责的部门应当通过政府网站、公报、资料索取点、电子显示屏、广播、电视、报刊等途径以便于公众知晓的方式主动公开政府环境信息，并提供信息检索、查阅和下载等服务。

县级以上人民政府及其负有环境保护监督管理职责的部门应当建立健全新闻发言人制度，针对社会舆论普遍关注的环境问题定期或者根据情况及时发布政府环境信息。

第十二条 公众可以采取信函、传真和电子邮件等书面形式向负有环境保护监督管理职责的部门申请提供政府环境信息。

负有环境保护监督管理职责的部门收到申请后，能够即时答复的，应当即时答复；不能即时答复的，应当自收到申请之日起十五个工作日内答复；因特殊情况不能按期答复的，经本部门负责人同意，可以延长答复期限，并书面告知申请人。延长期限不得超过十五个工作日。

第十三条 重点排污单位应当依法向公众如实公开以下环境信息，接受公众监督：

（一）单位名称、地址、法定代表人；

（二）主要污染物的名称、排放方式、排放浓度和排放总量；

（三）超过排放标准排放污染物、超过总量控制指标排放污染物等环境违法行为记录；

（四）环境保护投资、环境保护技术开发利用以及环境保护设施的建设和运行情况；

（五）生产、建设过程中产生废物的处置和综合利用等情况；

（六）环境污染事故应急预案、发生过污染事故以及事故造成的损失情况；

（七）开展自行监测工作情况及监测结果；

（八）排污费（税）的缴纳、企业履行环境社会责任的情况；

（九）对职工进行的环境保护培训状况；

（十）法律法规规章规定的其他环境信息。

危险化学品生产使用企业应当依法向公众公布生产使用的危险化学品品种、危害特性、相关污染物排放及事故信息、污染防控措施等情况。

第十四条 鼓励重点排污单位以外有污染物排放的企业、事业单位和其他生产经营者公开其主要污染物的名称、成分、排放方式、排放浓度、排放总量、超标排放情况，污染防治设施建设和运行情况，突发环境事件应急预案等信息。

第十五条 重点排污单位应当在县级以上人民政府环境保护主管部门公布重点排污单位名单之日起三十日内，通过环境保护主管部门统一建立的企业环境信息公开平台公开有关环境信息。

鼓励重点排污单位采取在其网站以及厂区出入口设置显示屏、展板等方式向公众公开有关环境信息。

第十六条 新建、改建、扩建建设项目的建设单位、规划编制机关或者其委托的环境影响评价机构，应当依法采取下列方式发布信息公告：

（一）在建设项目所在地或者规划实施地的公共媒体上发布公告；

（二）公开发放包含有关公告信息的印刷品；

（三）在直接受到规划或者建设项目影响的公众居住地的公告栏、出入口等地方张贴公告，或者召开信息公告会议；

（四）其他便利公众知情的信息公告方式。

前款第三项规定的公告时间不得少于十个工作日。

第十七条 县级以上人民政府及其负有环境保护监督管理职责的部门，应当通过广播、电视、报刊和信息网络等媒体调查了解舆情，对发现涉及本部门职责范围的虚假或者不完整的环境信息及时予以澄清，并适时发布准确、完整的政府环境信息。

第十八条 在发生或者可能发生突发环境事件，造成或者可能造成环境污染，影响公众健康和环境安全时，有关责任单位和个人应当立即采取应对措施，及时通报可能受到危害的单位和个人，并向当地人民政府及其负有环境保护监督管理职责的部门报告。

当地人民政府及其负有环境保护监督管理职责的部门，应当依法进行应急处置，并通过广播、电视、互联网、移动终端等方式及时向公众传达事态进展、处理状况和应对建议或者要求。

第十九条 鼓励从事环境保护公益活动的社会组织依法监督信息公开情况，收集整理已经公开的环境信息，开展调查评估活动。

第三章 公众参与的范围和途径

第二十条 环境保护公众参与的范围：

（一）环境立法、环境保护规划编制、可能对环境造成影响的开发利用规划及经济、技术政策制定和建设项目环境影响评价文件的编制；

（二）调查了解当地环境状况，向当地人民政府及其有关部门提出保护和改善环境的建议；

（三）受聘担任环境保护社会监督员，依法参与环境保护工作；

（四）开展环境保护宣传教育和志愿服务；

（五）举报环境违法行为和国家机关及其工作人员不依法履行环境保护职责的行为；

（六）对污染环境、破坏生态，损害社会公共利益的行为，向人民法院提起诉讼；

（七）法律、法规规定的其他活动或者事项。

前款第六项规定向人民法院提起诉讼的公众是指符合法定条件的社会组织。

第二十一条 制定环境保护地方性法规、规章、政策、规划、标准或者可能对环境造成影响的开发利用规划及经济、技术政策，起草机关及审查机关应当采取公众评议、召开专家论证会、公众代表座谈会、听证会等方式充分征求公众意见。征求公众意见的时间不得少于十五个工作日。

公众也可以采取信函、传真、电话、电子邮件和网站留言等方式提出意见和建议。

第二十二条 有下列情形之一的，国家机关应当组织召开听证会听取公众意见：

（一）法律、法规、规章有关环境影响规定应当听证的；

（二）拟制定可能导致重大环境影响的政策或者规划的；

（三）拟对具有重大环境影响的建设项目进行立项的；

（四）建设项目涉及重大环境影响，应当进行听证的；

（五）对国家机关拟作出有关环境影响的决定有较大争议的；

（六）国家机关认为有关环境影响应当召开听证会的其他情形。

第二十三条 征求有关环境影响公众意见的国家机关、企业在决策过程中应当充分考虑公众意见，并将其作为修改和完善决策的重要依据。对于未采纳的相对集中的意见和建议，可以通过官方网站说明不予采纳的理由。

第二十四条 公众可以依法向当地人民政府及其有关部门提出保护和改善环境的建议。接到公众提出的保护和改善环境的建议后，当地人民政府及其有关部门应当认真研究，并自接到建议之日起三十个工作日内，向公众反馈采纳或者不予采纳的意见。不予采纳的，应当说明理由。

第二十五条 县级以上人民政府环境保护主管部门应当选聘具有行业、专业代表性以及热心环境保护公益事业的人员担任环境保护社会监督员，定期对社会监督员进行培训，制定社会监督工作方案，为社会监督员开展工作提供必要条件。

环境保护社会监督员应当根据当地实际情况，开展环境保护普法工作，及时收集公众对保护和改善环境的意见和建议，并按照社会监督工作方案的要求，监督检查当地污染物排放情况和负有环境保护监督管理职责的部门及其工作人员履行环境保护职责的情况。

第二十六条 鼓励公众参加环境保护社会组织，从事环境保护志愿服务活动。

县级以上人民政府及其有关部门应当加强环境保护志愿服务的引导、组织和培训工作，并提供必要的信息支持和安全保障。

第二十七条 公众有权向县级以上人民政府及其负有环境保护监督管理职责的部门举报污染环境、破坏生态的行为，或者向上级人民政府及其有关部门举报下级人民政府及其负有环境保护监督管理职责的部门及其工作人员不依法履行环境保护职责的行为。

第二十八条 县级以上人民政府及其负有环境保护监督管理职责的部门或者其他有关部门应当向社会公布举报受理办法、投诉电话、处理情况及反馈信息，并确定机构或者人员受理举报的事项。

对举报的事项，受理举报的人民政府或者有关部门应当登记，并按下列规定处理，法律、行政法规另有规定的，从其规定：

（一）对属于本部门职责范围内的举报事项，予以受理，依法调查处理，并在规定期限内将处理结果以书面形式告知举报人；

（二）对不属于本级政府或者本部门职责范围内的举报事项，应当及时告知举报人依法向有关人民政府或者有关部门举报；

（三）举报的事项应当通过行政复议和诉讼等途径解决的，应当及时告知举报人依法向行政复议机关或者人民法院提起行政复议或者诉讼。

第二十九条 符合法定条件的社会组织对污染环境、破坏生态，损害社会公共利益的行为，向人民法院提起诉讼获取的赔偿、补偿资金，应当用于环境治理、生态恢复和诉讼救济等。

第四章 公众参与的保障和促进措施

第三十条 省、设区的市人民政府环境保护主管部门根据当地环境保护工作需要，可以委托从事环境保护公益活动的合法社会团体，组织各阶层、各行业有代表性且具有较高社会公信力、热心环境保护公益事业的公众和具备环境、法律等相关知识的专家学者，对环境立法、环境政策制定以及环境保护区域协作等提出咨询意见，为公众提供咨询服务，应公众要求向有关部门、单位、企业表达诉求和意见，参与对环境保护、环境资源开发利用的调研并提出意见或建议。

第三十一条 县级以上人民政府环境保护、教育、文化、新闻出版广播电视、司法等行政主管部门应当在各自的职责范围内，对公众进行环境保护宣传和教育，推动公众依法、有序参与环境保护事务。

新闻媒体应当开展环境保护法律法规和环境保护知识的宣传，对环境违法行为进行舆论监督。

第三十二条 幼儿园、中小学校、中等专业技术学校和高等院校应当将环境教育纳入教学内容，采取多种形式组织学生参加环境教育实践活动，增强环境保护意识。

第三十三条 县级以上人民政府及其有关部门主要负责人、重点排污单位负责人、被依法处罚的环境违法企业负责人及相关责任人员，应当接受环境教育培训，增强环境保护意识。

第三十四条 公众对破坏生态、污染环境的单位和个人举报情况属实的，县级以上人民政府环境保护主管部门和其他负有环境保护监督管理职责的部门，应当对举报人予以奖励。

受理举报的部门对举报人的姓名、工作单位、家庭住址等有关情况及举报的内容应当严格保密。

任何单位和个人不得以任何借口和手段打击报复举报人及其亲属。

第三十五条 县级以上人民政府及其有关部门应当在财政预算中安排经费，用于环境保护公众参与工作。

第三十六条 县级以上人民政府环境保护主管部门应当建立健全环境保护公众参与的管理制度和工作程序，明确机构或者人员具体负责环境保护公众参与的管理工作，并定期对工作情况进行考核评价。

第三十七条 提起环境公益诉讼的社会组织向有关国家机关申请提供法律援助的，有关国家机关可以予以支持。

社会组织申请负有环境保护监督管理职责的部门为其提起环境公益诉讼提供污染损害取证等方面协助的，负有环境保护监督管理职责的部门应当予以支持。

第三十八条 县级以上人民政府及其有关部门可以通过购买社会组织服务或者其他方式，支持、引导和鼓励社会组织参与环境政策、法规、规划和标准的制定与实施，开展环境保护宣传教育、咨询、培训服务、法律援助以及对环境违法行为进行监督等活动。

第五章　法律责任

第三十九条　国家机关及其工作人员违反本条例规定，有下列行为之一的，对直接负责的主管人员和其他直接责任人员依法给予处分；构成犯罪的，依法追究刑事责任：

（一）应当依法公开政府环境信息而未公开的；

（二）篡改、伪造或者指使篡改、伪造应予依法公开监测数据的；

（三）未及时澄清虚假环境信息导致事件扩大的；

（四）未依照本条例规定受理或答复举报信息，造成不良社会影响的；

（五）泄露控诉、检举人信息，致使控诉、检举人合法权益受到侵害的。

第四十条　重点排污单位未依照本条例规定的方式公开企业环境信息的，由县级以上人民政府环境保护主管部门处四万元以上十万元以下罚款，并责令限期公开。逾期不公开的，可以按照原处罚数额按日连续处罚。

企业篡改、伪造监测数据的，依照有关法律法规规定予以处罚。

第四十一条　环境影响评价机构、环境监测机构以及从事环境监测设备和防治污染设施维护、运营的机构，在公众参与和信息公开中弄虚作假，对造成的环境污染和生态破坏负有责任的，除依照有关法律法规规定予以处罚外，还应当与造成环境污染和生态破坏的其他责任者承担连带责任。

第六章　附　则

第四十二条　本条例所称重点排污单位，是指国家级、省级、市级重点监控企业，污染物超标或者超总量排放的企业，发生过重大、特大环境污染事件的企业以及被环境保护主管部门挂牌督办的企业。

第四十三条　本条例自 2015 年 1 月 1 日起施行。

河北省人大城建环资委员会关于《河北省环境保护公众参与条例（草案）》的说明

——2014 年 9 月 23 日在河北省第十二届人民代表大会常务委员会第十次会议上

省人大城建环资委员会副主任委员　武志雄

主任、各位副主任、秘书长、各位委员：

我受省人大城建环资委员会委托，对《河北省环境保护公众参与条例（草案）》（以下简称《条例》）作如下说明：

一、制定本《条例》的必要性

随着我省经济社会的快速发展，环境保护任务日趋繁重，人民群众维护自身权益、参与环境保护的意识日益增强，环境保护已经成为重大的民生问题、社会问题。广大人民群众是环境权益的享有者，是环境保护的监督者、推动者，是环境保护的根本动力源泉。只有充分调动和保护群众参与环境保护的积极性，依法保障人民知情权、参与权、表达权、监督权，才能形成以政府为主导、企业为主体、公众广泛参与的全社会统筹推进的环保大格局，更好地推动环境保护工作深入开展。从另一方面看，由于制度机制不健全，公众参与环境保护的渠道不畅通，公众表达环境诉求也存在一些不科学、不理智的行为，一些地区甚至出现了因环境问题引发的群体性事件，损害了各级政府公信力，影响了经济发展和社会稳定，迫切需要依法规范环境保护公众参与的行为。今年新修订的《环境保护法》首次就“信息公开和公众参与”作专章规定，进一步强化了环境保护公众参与的地位作用，为地方立法提供了基本依据。结合我省实际，及时制定环境保护公众参与地方性法规，是贯彻落实新环境保护法的具体实践，是加强和创新社会管理的重要举措，是新形势下促进我省环境保护事业发展的客观需要。

二、起草工作开展情况

《条例》列为常委会 2014 年立法项目后，我委高度重视，精心组织，积极推进。一是成立了起草工作领导小组。省人大常委会党组副书记王增力任组长，环境保护部宣教中心主任贾峰、省人大城建环资委主任委员姬振海、省环境保护厅厅长陈国鹰任副组长，明确了指导思想，制定了起草计划，分解了工作任务。二是组建了以专家为主体的起草班子。起草工作由环境保护部宣教中心主任贾峰负责，北京大学法学院教授汪劲、国务院发展研究中心研究员常纪文、公众环境研究中心主任马军、北京师范大学法学院严厚福等环境专家分工初拟，德国国际合作机构和中欧环境治理项目的环境专家提供咨询，领导小组集体统稿。三是开展了广泛深入的研究论证。起草小组学习整理国家法律法规、政策文件、其他省市法规规章以及国内外学术论文近百篇。先后在北京、石家庄五次召开工作会议和研讨会，邀请全国人大法工委、环资委以及环保部有关领导，高校和研究机构的学者，国际合作机构的专家，部分省市环保工作者，企业和环保社会组织的代表进行充分研讨。先后赴浙江、重庆等省市及我省石家庄、保定等地深入社区、企业进行走访调查，召开了环保部门、司法机关、环评机构、社会组织、新闻媒体、企业代表及社区群众座谈会，充分听取各方意见。这部《条例》的起草探索了“地方立法机关直接启动，国务院主管部门具体指导，国内外专家学者提供支撑，相关部门协同配合”的立法模式。

根据省人大常委会领导意见，我们将《条例》分送省人大常委会委员、常委会机关各室委、11 个设区市人大常委会、18 家省直有关单位征求意见，共收到意见建议 60 多条，多数已经采纳，未采纳的进行了沟通并达成共识。

我省环境保护公众参与立法工作得到了中国环境与发展国际合作委员会的大力支持，列入了国合会“媒体与公众参与”政策建议落地示范项目，得到了资金和智力支持。国合会认为，我省环境保护公众参与立法工作不仅能够有力推动我省环境保护深入开展，并且填补了我国环境保护公众参与立法的空白，具有很强的宣传示范效应，也将为国家层面的环境保护公众参与立法提供有益探索和经验。

三、条例起草的依据、原则和主要内容

（一）主要依据。条例草案以新《环境保护法》第五章“信息公开和公众参与”为立法依据，吸收了《环境影响评价法》《清洁生产促进法》以及国务院、环境保护部关于信息公开的有关规章，参考了部委有关文件或指导意见，借鉴了部分省市的有关法规、规章，结合了我省环境保护工作实践经验。

（二）基本原则。一是合法原则。条例严格依据相关法律法规起草，坚持不越

权超限，创新条款坚持于法有据，维护法制统一。二是切合实际原则。将专家意见与我省实际相结合，平衡各方关系，适度超前，使法规更“接地气”。三是可操作原则。尽可能将有关规定细化量化，特别是实用条款、法律责任。四是借鉴原则。充分吸收了兄弟省市、国际上以及实际工作中的先进经验。五是精简原则。为防止照搬照抄上位法，对现有法律法规中已明确的条款，不多展开。

（三）主要内容。条例草案分为总则、环境信息的公开与获取、公众参与的范围和途径、公众参与的保障和促进措施、法律责任、附则等六章四十八条。

总则部分阐述了条例的立法目的和依据、适用范围，界定了本条例规范保障的“公众参与”的概念，确定了“依法、有序、公开、及时、广泛、便利”六项原则，明确各方主体权利义务。信息公开是公众参与的前提和基础，因此条例第二章对政府、重点排污单位、一般排污单位的公开环境信息的内容、方式、期限予以明确，规定了公众申请信息公开的方式方法以及有关机关的答复义务。对虚假信息应对、突发事件信息公布作出规定，确定了县级以上人民政府及其负有环境保护监督管理职责的部门应当建立健全新闻发言人制度。鼓励从事环境保护公益活动的社会组织依法监督信息公开情况，收集整理已经公开的环境信息，开展调查评估活动。为增强可操作性，条例三、四、五章细化了环境保护公众参与的范围、方式、渠道和程序，建立了社会环保监督员制度，探索公益诉讼立案前协商制度。尝试成立环境保护公众参与促进委员会，加强了环境保护的宣传和教育，建立了有奖举报制度，鼓励和支持社会组织参与环境保护工作，确定相关法律责任。

四、需要说明的几个问题

（一）关于重点排污单位环境信息强制公开。条例第十五条对重点排污单位的环境信息强制公开义务以列项的方式作了规定。我们认为，企业切实履行信息公开和公众参与义务，是加强环境污染防治、化解社会矛盾、降低执法成本的重要环节。因此，结合我省环境信息公开的工作实际，对重点排污单位环境信息强制公开的内容进行明确并拓展了部分内容，并明确了“重点排污单位”的类型。

（二）关于公益诉讼。条例第三十一条规定：“人民法院在受理公益诉讼案件前，可以组织各方当事人及负有环境保护监督管理职责的部门共同协商，提出解决纠纷和维护社会公共利益的合理方案”，“公益诉讼获取的赔偿、补偿资金用于环境治理、生态恢复和诉讼救济等”。基于地方性法规立法权限，兼顾实践需要，为减少不必要的诉讼行为和降低司法成本，体现社会公平，本条例为环境诉讼立案前的协商以及公益诉讼所得处置作出规定。

（三）关于环境保护公众参与促进委员会。条例第三十二条规定，省、设区市人民政府环境保护主管部门可以根据实际需要，委托从事环境保护公益活动的社团组织，选取各阶层行业代表人士成立环境保护公众参与促进委员会。我们认为，公众与政府之间缺乏有效沟通的“桥梁”是导致群体性事件的重要因素。成立一个“第三方”的组织，对协调沟通公众参与工作具有十分重要的积极作用。

（四）关于社会教育。条例第三十五条规定了县级以上人民政府及其有关部门主要负责人，重点排污单位、新建项目单位的负责人，被依法处罚的环境违法企业负责人及相关责任人员，应当接受环境教育培训。各级政府及其有关部门领导以及企业负责人的环境意识对于推动环境保护公众参与工作、保护和改善环境具有重要作用，对培训学时进行具体规定，有助于增强操作性和约束力。

（五）关于荣誉称号的授予。条例第四十条第二款规定“县级以上人民代表大会常务委员会可以对环境保护公众参与工作突出的单位或个人授予荣誉称号”。为奖励有关单位和个人积极开展环境保护公众参与工作，依法履行人大常委会法定职责，根据国家《地方各级人民代表大会和地方各级人民政府组织法》和省人大常委会有关规定，做出此项规定。

（六）关于按日连续处罚。条例第四十五条第一款规定，重点排污单位未依法公开环境信息且逾期不改正的，可以按照原处罚数额按日连续处罚。“按日连续处罚”是新《环境保护法》增强处罚威慑力的重要手段。地方性法规可以根据环境保护的实际需要，增加按日连续处罚的违法行为的种类。为增强企业环境信息强制公开义务约束力，便于公众和执法机关监督，条例规定了“按日连续处罚”的法律责任。

以上说明连同条例草案，请审议。

河北省人大法制委员会关于《河北省环境保护公众参与条例（草案）》审议结果的报告

——2014 年 11 月 25 日在河北省第十二届人民代表大会常务委员会第十一次会议上

河北省人民代表大会法制委员会副主任委员　刘志毅

河北省人民代表大会常务委员会：

2014 年 9 月 23 日，河北省第十二届人大常委会第十次会议对《河北省环境保护公众参与条例（草案）》（以下简称《条例（草案）》）进行了初审。常委会组成人员认为，随着经济社会的快速发展，人民群众维护自身权益、参与环境保护的意识日益增强，环境保护已经成为重大的民生问题、社会问题。依法保障公众知情权、参与权、表达权、监督权，规范环境保护公众参与的行为，结合我省实际制定环境保护公众参与地方性法规很有必要。同时，也提出了一些修改意见。会后，法制委员会、法制工作委员会根据常委会组成人员的审议意见，对《条例（草案）》进行了认真修改，将修改后的文本印发十一个设区的市人民政府征求意见。并赴衡水枣强县召开了相关部门负责同志、企业代表、基层群众参加的座谈会。之后，根据各方面意见对《条例（草案）》又进行了修改，形成了《条例（草案二次审议稿）》。11 月 4 日，法制委员会对《条例（草案二次审议稿）》进行了统一审议。省人大常委会城建环资工委、省政府法制办、省环保厅的负责同志列席了会议。11 月 12 日，将《条例（草案）》的修改情况向省人大常委会主任会议作了汇报。现将审议结果报告如下。

一、关于公开环境信息的主体

有的常委会组成人员提出，公开环境信息是政府职能部门的职责，不涉及人大常委会，建议对条例中的有关表述进行修改。据此，法制委员会建议对《条例（草案）》第八条第一款进行修改，作为《条例（草案二次审议稿）》第七条第一款。具体表述为：“县级以上人民政府及其有关部门应当依法公开环境信息，征求公众意见，及时答复公众的意见、建议和举报，为公众参与和监督环境保护提供便利”。

二、关于危险化学品生产使用企业应当公开信息

有的基层群众提出，危险化学品的生产和使用除了可能造成环境污染外，其危险性要高于一般工业生产，因此危险化学品生产使用企业应当公开其危害特性等信息，便于公众监督和防护。据此，法制委员会建议，增加一款，作为《条例（草案二次审议稿）》的第十二条第二款。具体表述为："危险化学品生产使用企业应当依法向公众公布生产使用的危险化学品品种、危害特性、相关污染物排放及事故信息、污染防控措施等情况"。

三、关于对《条例（草案）》第三十二条的修改

有的常委会组成人员提出，《条例（草案）》第三十二条规定通过提出咨询意见、提供咨询服务、为公众传达意见、建议等方式，加强公众与政府的有效沟通是必要的，但是在地方性法规中规定专门成立一个组织不太适宜。据此，法制委员会建议对《条例（草案）》第三十二条进行修改，作为《条例（草案二次审议稿）》第二十九条。具体表述为："省、设区的市人民政府环境保护主管部门根据当地环境保护工作需要，可以委托从事环境保护公益活动的合法社会团体，组织各阶层、各行业有代表性且具有较高社会公信力、热心环境保护公益事业的公众和具备环境、法律等相关知识的专家学者，对环境立法、环境政策制定以及环境保护区域协作等提出咨询意见，为公众提供咨询服务，应公众要求向有关部门、单位、企业表达诉求和意见，参与对环境保护、环境资源开发利用的调研并提出书面意见或建议"。

此外，根据常委会组成人员的审议意见，对《条例（草案）》还作了一些文字修改和条序调整。

《条例（草案二次审议稿）》已按上述意见作了修改。

《条例（草案二次审议稿）》和以上意见是否妥当，请审议。

河北省人大法制委员会关于《河北省环境保护公众参与条例（草案）》修改意见的报告

——2014年11月28日在河北省第十二届人民代表大会常务委员会第十一次会议上

河北省人民代表大会法制委员会副主任委员　冯志广

河北省人民代表大会常务委员会：

2014年11月26日上午，省十二届人大常委会第十一次会议对《河北省环境保护公众参与条例（草案二次审议稿）》进行了分组审议。常委会组成人员认为，上述法规草案经过反复修改，已经成熟，建议本次常委会会议予以表决。同时，也提出了一些具体修改意见。11月26日下午，法制委员会召开全体会议，根据常委会组成人员的审议意见进行了统一审议，省人大常委会有关工作委员会、省人民政府有关部门的负责同志列席了会议。11月27日下午向主任会议作了汇报。现将法制委员会的修改意见报告如下：

一、关于环境保护公益诉讼的主体

有的常委会组成人员提出，《民事诉讼法》规定，对污染环境、侵害众多消费者合法权益等损害社会公共利益的行为，法律规定的机关和有关组织可以向人民法院提起诉讼。而条例草案第十九条关于向人民法院提起环境保护公益诉讼的“公众”范围过宽，应加以界定。据此，法制委员会建议增加一款，作为《条例（草案建议表决稿）》第二十条第二款。具体表述为：“前款第六项规定向人民法院提起诉讼的公众是指符合法定条件的社会组织”。

二、关于公布举报电话和处理结果

有的常委会组成人员提出，投诉举报环境违法行为是公众参与环境保护的重要手段，建议增加政府有关部门公布举报投诉电话和处理结果的内容，增强条例的可操作性。据此，法制委员会建议对《条例（草案二次审议稿）》第二十七条第一款进行修改，作为《条例（草案建议表决稿）》第二十八条第一款。具体表述为：

“县级以上人民政府及其负有环境保护监督管理职责的部门或者其他有关部门应当向社会公布举报受理办法、投诉电话、处理情况及反馈信息，并确定机构或者人员受理举报的事项”。

三、关于环境保护公益诉讼诉前协商的内容

有的列席会议的省人大专门委员会委员提出，司法程序是由国家法律规范的内容，地方性法规不宜规定人民法院应否受理案件以及组织诉前协商，建议对此进行修改。据此，法制委员会建议对《条例（草案二次审议稿）》第二十八条进行修改，作为《条例（草案建议表决稿）》第二十九条。具体表述为：“符合法定条件的社会组织对污染环境、破坏生态，损害社会公共利益的行为，向人民法院提起诉讼获取的赔偿、补偿资金，应当用于环境治理、生态恢复和诉讼救济等”。

此外，根据常委会组成人员的审议意见，对《条例（草案二次审议稿）》还作了一些文字修改和条序调整。

《条例（草案建议表决稿）》已按上述意见作了修改。法制委员会建议本次常委会会议予以表决。

以上报告连同《条例（草案建议表决稿）》，请一并审议。

河北省环境保护厅关于进一步强化建设项目环评公众参与工作的通知

冀环办发〔2010〕238号

各设区市环保局、各有关单位：

为认真落实《环境影响评价公众参与暂行办法》要求，充分发挥公众监督作用，完善环境影响评价中公众参与内容，进一步规范审批工作，现就有关事宜通知如下：

一、严格按规定公开相关信息

依据《关于印发〈环境影响评价公众参与暂行办法〉的通知》（环发〔2006〕28号），对需要编制、重新编制、重新审核环境影响报告书的建设项目和按环境管理要求需要开展公众参与的项目，环评单位在编制环境影响报告书的过程中，要公开有关环境影响评价的信息，征求公众意见。

1. 公开内容与时限

环评单位受委托开展环评工作后7日内，要向评价范围内所有公众公开有关环境影响评价的相关信息。重点告知建设项目建设地点和公众参与的方式，公告时间不得少于10个工作日。

在环境影响评价文件（以下简称环评文件）报送环境保护行政主管部门（以下简称环保部门）审批或者重新审核前，环评单位应积极配合建设单位，向评价范围内所有公众公开建设项目对环境可能造成的影响、拟采取的对策和措施、环境影响评价结论等相关信息，并向公众提供可查阅的环评文件简本，公告时间不得少于10个工作日。

各级环保部门在受理建设项目环评文件后，应当公示受理环评文件的有关信息，公示期限不得少于10个工作日。对可能造成不良环境影响、环境污染较重、公众影响较大的化工、建材、钢铁、垃圾发电、交通等建设项目和公众意见较大的建设项目，要组织召开公众听证会，征求评价范围内所有涉及村庄、单位、学校、医院等环境敏感点代表对环评文件的意见。

负责组织召开听证会的环保部门，要严格执行《环境保护行政许可听证暂行办法》（国家环境保护总局令第 22 号），在听证举行的 10 个工作日前，通过报纸、网络或者布告等适当方式，将建设项目基本情况、环境影响及拟采取的环境保护措施的效果等内容向社会公告，并明确公告听证会的时间、地点，以及参加听证会的方法。

环保部门应定期公告环评文件审批的有关信息。

2．公开方式

建设单位和评价单位在环评文件上报前进行公示时，对采取张贴公告方式的，要合理选择张贴地点，确保评价范围内的公众方便知悉；采取媒体公开公告的，要选择有代表性的当地媒体，确保评价范围内的公众方便知悉。在编制环评文件的过程中，相关信息应处于公开状态，并随时接受公众意见的反馈。

环保部门在公示环评文件受理的有关信息时，应在其网站或政府网站或者采用其他便利公众知悉的方式进行公示，并确保其公开的有关信息在整个审批期限之内均处于公开状态。

二、严格按程序组织公众参与

在发布信息公告、公开环评文件的简本后，环评单位要配合建设单位采取调查公众意见、咨询专家意见、召开座谈会和论证会、组织听证会等形式，向评价范围内的公众公开征求意见。要综合考虑地域、职业、专业知识背景、表达能力、受影响程度等因素，合理选择被征求意见的公众，应当包括评价范围内的公民、法人或者其他组织的代表。公开征求公众意见的期限不得少于 10 个工作日，并确保有关信息在此期限之内处于公开状态。

1．采取问卷调查方式征求公众意见的，调查内容的设计应当简单、通俗、明确、易懂，避免设计可能对公众产生明显的诱导。公众参与调查表发放范围必须覆盖评价区域内的所有敏感点，每个敏感点应发放不少于 10 份调查表。所有调查表及调查过程中回收的其他反馈意见的原始资料须存档备查。

2．采取咨询专家意见方式征求公众意见的，应要求接受咨询的专家个人和单位对咨询事项提出明确意见，并以书面形式回复。对书面回复意见，应要求个人签署姓名、单位加盖公章。集体咨询专家时，有不同意见的，接受咨询的单位应在咨询回复中载明。

3．采取座谈会、论证会方式公开征求公众意见的，应当要求建设单位在座谈会或者论证会召开 7 个工作日前，将会议的时间、地点、主要议题等事项，书面通知评价范围内所有涉及的村庄、有关单位。并应根据现场会议记录整理制作座谈会议纪要或者论证结论，会议纪要或者论证结论应当如实记载不同意见。

4．采取听证会方式公开征求公众意见的，应当要求建设单位在听证会召开 10 个工作日前，将会议的时间、地点、主要议题等事项，书面通知评价范围内所有涉及的村庄、有关单位。被选定参加听证会的组织的代表参加听证会时，应当出具该组织的证明，个人代表应当出具身份证明。被选定参加听证会的代表因故不能如期参加听证会的，可以向听证会组织者提交经本人签名的书面意见。

环评单位要配合建设单位，认真考虑公众意见，并在环评文件中附具对公众意见采纳或者不采纳的说明。同时需向提出意见的公众反馈意见处理情况，并对公告过程和公众意见的反馈结果纳入环评文件中。各单位应当将所回收的反馈意见的原始资料存档备查。

5．环保部门在受理环评文件后组织召开听证会时，应在听证会召开 10 个工作日前，采取直接送达、委托送达、邮寄送达等形式，将《环境保护行政许可听证告知书》送达评价范围内各敏感点，并由环境敏感点代表在送达回执上签字。

对于自愿提出参加听证的代表，组织听证的环保部门须经过审核，对符合听证条件的申请人，应当在听证举行的 7 个工作日前，将《环境保护行政许可听证通知书》分别送达申请人，并由其在送达回执上签字。

组织听证的环保部门，必须制作听证会笔录。听证结束后，听证笔录应交陈述意见的申请人审核无误后签字或者盖章。

环保部门应当充分考虑公众意见，并在审批中附具对听证会反映的主要观点采纳或者不采纳的说明。

三、严格按要求保证工作质量

环保部门对进行公众参与的建设项目环评文件，应要求建设单位编制公众参与专题报告。对公众参与中的不同意见要会同相关部门进行调查，对于确属因环境污染不同意建设的项目，不得审批环评文件。

环评单位应配合建设单位认真开展公众参与，将公众参与过程中的公告证明文件、公众参与征询意见的调查表、咨询表、反馈意见记录、参加人员相关信息等相关文件全部纳入公众参与专题报告中。

公众参与专题报告要保证真实。对在工作中弄虚作假，故意避开有意见公众或采取不正当手段有意欺瞒的，一经发现，严肃处理。

组织听证的环保部门，应当将听证公告、听证告知书、听证申请书、听证通知书、送达回执、会议记录、参加人员相关信息等原始资料以及所有相关文件全部纳入公众参与专题报告中，并归档备查。

公众参与工作是环境影响评价工作中重要的一环，是规范环评文件审批、促进依法行政的重要内容，各单位要本着对建设项目负责，对审批人员和审批程序负责的原则，确保环境影响评价工作的规范、公正、公开、透明。

四、工业园区、聚集区等规划环评参照以上规定执行。

二〇一〇年十一月二十四日

山西省人民政府办公厅
关于印发山西省环境保护公众参与办法的通知

晋政办发〔2009〕107号

各市、县人民政府，省人民政府各委、厅，各直属机构：

《山西省环境保护公众参与办法》已经省人民政府同意，现印发给你们，请认真贯彻执行。

二〇〇九年八月十七日

山西省环境保护公众参与办法

第一章 总 则

第一条 为维护公众的环境权益，促进环境保护公众参与工作，依据《中华人民共和国环境保护法》《中华人民共和国政府信息公开条例》《国务院关于落实科学发展观 加强环境保护的决定》《环境信息公开办法》《环境影响评价公众参与暂行办法》等有关规定，结合本省实际，制定本办法。

第二条 本办法所称公众，是指具有完全行为能力的自然人、法人和其他组织。

第三条 本办法由县级以上人民政府环境保护行政主管部门负责实施。县级以上人民政府有关部门或其他单位应当协助做好环境保护公众参与工作。

第四条 公众参与遵循广泛、平等、民主、公开和便利的原则。

第五条 县级以上环境保护行政主管部门应当设立专门机构配备专职人员对公众提出的意见，进行整理、归类和分析，认真研究处理。

第六条 环境保护公众参与范围：

（一）以法定方式参与环境立法；

（二）参与环境保护政策的制定和环境保护规划的编制；

（三）参与建设项目环境影响评价、规划环境影响评价工作；

（四）建设项目竣工环境保护设施验收工作；

（五）重点工业污染防治及生态恢复治理工作；

（六）对环境保护部门的工作提出意见和建议；

（七）对环境违法行为进行监督、检举和控告；

（八）对环境保护行政主管部门及其工作人员玩忽职守、滥用职权、徇私舞弊等行为进行检举和控告；

（九）法律、法规、规章规定的其他行为。

第二章　公众获取信息

第七条　为确保公众知情权，公众有权获得以下信息：

（一）环境保护法律、法规、规章和其他规范性文件；

（二）国家及省市环境政策、环境保护规划及计划、环境功能区划、生态功能区划；

（三）本行政区域环境质量状况；

（四）各类环境标准；

（五）排污费征收的项目、依据、标准、程序和使用情况；

（六）经调查核实的公众对环境问题或者对企业污染环境的信访、投诉案件及其处理结果；

（七）重大环境治理、环保补助资金项目；

（八）建设项目环境管理情况；

（九）违法排污的企业名单、行政处罚依据、标准、程序和执行情况；发生重大、特大环境污染事故或者事件的企业名单；

（十）拒不执行已生效的环境行政处罚决定的企业名单；

（十一）环境保护模范城市、生态县、生态示范区、环境优美乡镇、生态村创建结果；

（十二）国家环境保护行政主管部门认定的环境保护技术目录以及污染防治设施运营资质情况；

（十三）环境保护行政主管部门的主要职责、机构设置、办事程序、办事时限服务承诺及其联系方式等情况；

（十四）法律、法规、规章规定应当公开的其他环境信息。

第八条 发生环境污染事故，对公众健康、安全和环境可能造成威胁的紧急情况下，环境保护行政主管部门应迅速向可能受到影响的公众依法发布能够帮助公众采取措施预防和减少损害的信息。

第九条 环境保护行政主管部门公开政府环境信息，不得危及国家安全、公共安全、经济安全和社会稳定。

公民、法人和其他组织使用公开的环境信息，不得损害国家利益、公共利益和他人的合法利益。

第十条 公众有权获得环境保护行政主管部门认定的重点排污企业的以下信息：

（一）企业环境保护方针、年度环境保护目标及成效；

（二）企业排放污染物种类、污染物排放总量、超标准排放污染物状况和排放去向；

（三）企业环保设施的建设和运行情况；

（四）污染物排放对环境造成的影响；

（五）污染治理计划和年度实施情况；

（六）污染事故的防范及对策；

（七）企业需要依法公开的其他环境信息。

第十一条 公众获取环境信息的方式：

（一）通过书信、电子邮件、传真、电话等方式向环境保护行政主管部门查询或者上门走访查询以及查阅环境保护行政主管部门提供的环境信息刊物和政策法规汇编等；

（二）通过政府环保网站获取政府部门主动公开的各类环保信息；

（三）通过报纸、电视、广播、刊物等新闻媒体获得环境信息；

（四）公众可以向环境保护行政主管部门申请获取政府环境信息；

（五）有关需求的其他方式。

第十二条 公众通过书信、电子邮件、传真、电话或走访形式提出获取环境信息要求的，环境保护行政主管部门应在接到要求后15个工作日内予以答复。不能在15个工作日内作出答复的，经环境保护行政主管部门专门机构负责人同意，可以适当延长答复期限，并书面告知申请人，但答复期限最长不得超过30个工作日。

第三章　公众参与法规政策制定

第十三条　政府及其环境保护行政主管部门在环境政策、环境规划制定过程中，应在政府环保网站和当地主要媒体上公布政策、规划草案，召开专家代表论证会、公众代表听证会，公开征求公众意见。

第十四条　环境保护行政主管部门在起草制订法规或政府规章阶段，在未向立法机关报送草案前应在政府环保网站和当地主要媒体公布草案，公开征求公众意见。

对重大环境立法项目，环境保护行政主管部门应召开公众代表听证会征求公众意见，在草案起草说明中，必须对公众意见收集和采纳的情况做出说明。

第十五条　公众在草案信息发布后 15 个工作日内可向环境保护行政主管部门提出意见和建议，环境保护行政主管部门对公众提出的合理意见应予以采纳，不予采纳的要给予答复并说明情况。

第四章　公众参与环境管理

第十六条　建设可能对环境造成重大影响的建设项目时，建设单位应当向公众公开建设项目信息，包括项目名称、拟选地址、项目性质、可能对环境造成的影响、防治环境污染和生态破坏的措施。召开专家代表论证会、公众听证会、征求意见。

选择被征求意见的公民、法人或其他组织出席听证会时应当综合考虑地域、职业、专业知识背景、表达能力、受影响程度等因素。其中，必须包括受建设项目影响的公民、法人或者组织的代表。

第十七条　编制单位进行规划环境影响评价时，举行专家代表论证会、公众听证会、征求意见。

第十八条　建设项目、规划环境影响评价文件中应对公众意见（包括有关单位、专家和公众的意见）采纳情况进行说明。

第十九条　环境保护行政主管部门在受理建设项目或规划环境影响报告书后，向公众公告环境影响报告书受理的有关信息。在作出审批或者重新审核决定后，应当将审批或审核结果向公众公告。

第二十条　公众在信息公开后 15 个工作日内，可向建设单位或者负责审批或者重新审核环境影响报告书的环境保护行政主管部门，提交书面意见和建议。

第二十一条 环境保护行政主管部门在建设项目竣工环境保护设施验收、重点工业污染防治及生态恢复治理时，要征求公众意见，并对公众提出的合理意见予以采纳。

第五章 公众参与环境监督

第二十二条 县级以上环境保护行政主管部门可以聘请人大代表、政协委员及企业环境监督员等公众代表担任环境保护监督员，环境保护监督员负责对环境保护行政主管部门的工作情况进行监督，并向环境保护行政主管部门反馈公众的意见。

第二十三条 公众有权通过正当渠道对政府和环境保护行政主管部门的工作提出批评和建议。公众有权直接向环境保护行政主管部门检举和控告污染和破坏环境的单位和个人。

第二十四条 公众参与环境监督管理的途径：

(一)环境保护行政主管部门必须设立公开电话及在政府环保网站设立监督举报栏目，受理公众对环境污染和生态破坏的投诉，以及公众对环境保护工作提出的批评和建议。

(二)通过各级人大代表、政协委员及环境保护监督员向环境保护行政主管部门反映问题；

(三)通过登门、信件、电话、电子邮件、登录政府环保网站、留言等方式直接向环境保护行政主管部门反映。

第二十五条 对公众反映的问题，环境保护行政主管部门必须进行调查处理，并在接到反映之日起 15 个工作日之内通过复函、回信、在政府环保网站回复等方式向公众反馈处理结果。对公众提出的合理的批评和建议，要予以采纳。

环境保护行政主管部门应对环境诉讼予以帮助。

第六章 有关规定

第二十六条 县级以上人民政府应采取措施鼓励公众参与环境保护工作，对在环境保护公众参与中做出突出贡献的单位和个人给予表彰。

第二十七条 对公众积极参与环境保护工作，所提意见被采纳的，环境保护行政主管部门颁发荣誉证书或者给予表彰。

第二十八条 对模范遵守环保法律法规、积极公开环境信息，接受公众监督的企业，环境保护行政主管部门给予下列鼓励：

（一）在当地主要媒体公开表彰；

（二）依照国家有关规定优先安排环保专项资金项目；

（三）依照国家有关规定优先推荐清洁生产示范项目或者其他国家提供资金补助的示范项目；

（四）国家规定的其他奖励措施。

第二十九条 公众在参与环境保护时应当遵守国家的法律、法规和政策，切实履行公民的环保义务和责任，不得对国家、政府、组织和个人进行恶意攻击。对在公众参与中的弄虚作假和徇私舞弊行为，依法追究其责任。

第三十条 建设单位在项目建设时未公开项目信息或在征求公众意见时弄虚作假的，依法予以处理，并追究其责任。

第三十一条 环境保护行政主管部门违反本办法规定，有下列情形之一的，上一级环境保护行政主管部门应当责令其改正；情节严重的对主要负责人要依法进行问责，对主要责任人和直接责任人由任免机关或者监察机关依法给予行政处分：

（一）未按规定发布环境保护信息的；

（二）在发布环境信息过程中违反规定收取费用的；

（三）对群众举报、投诉的违反环境保护有关规定的问题，在规定之日内未予答复和处理的；

（四）在审批建设项目时对公众提出的合理意见未充分考虑擅自审批的；

（五）违反本办法规定的其他行为。

第三十二条 本办法自印发之日起执行。

沈阳市公众参与环境保护办法

沈阳市人民政府令第42号

《沈阳市公众参与环境保护办法》，已经市政府2005年10月24日第46次常务会议讨论通过，现予发布，自2006年1月1日起施行。

市　长　陈政高

二〇〇五年十一月十六日

沈阳市公众参与环境保护办法

第一条　为维护公众环境权益，提高环境保护工作的公开性和民主性，遵循我国作为WTO成员国所做促进公众参与环境保护的承诺，根据《中华人民共和国环境保护法》，结合本市实际，制定本办法。

第二条　本办法所称公众，是指具有完全行为能力的自然人、法人和其他组织。

第三条　本办法适用于本市行政区域内公众参与环境保护活动。

第四条　公众参与环境保护活动实行广泛、平等、民主、公开、透明、诚信的原则。

第五条　公众参与环境保护拥有以下权利：

（一）以法定方式参与环境立法；

（二）以法定方式参与环境政策的制订和环境规划的编制；

（三）以法定方式参与建设项目环境影响评价；

（四）获得和使用环境公共信息；

（五）对环境保护工作提出批评和建议；

（六）对污染和破坏环境的行为进行检举和控告；

（七）在受到环境污染损害时依法要求赔偿；

（八）举报环境保护公务人员的违法行为；

（九）法律、法规、规章规定的其他权利。

第六条 市、区、县（市）人民政府环境保护行政主管部门负责本办法的实施。各级政府有关部门应当协助做好公众参与环境保护工作。

第七条 对在公众参与环境保护中做出突出贡献的单位和个人，由市、区、县（市）人民政府予以奖励。

第八条 市、区、县（市）环境保护行政主管部门应当成立有公众代表参加的环境咨询委员会。广泛开展环境保护宣传活动，开展公众评议环境保护工作，并聘请环境保护监督员，监督环境保护工作。

第九条 环境信息为社会公共信息，除涉及国家规定需要保密的情形外，市、区、县（市）人民政府对其环境保护行政主管部门必须向公众全面、及时公开环境信息。

第十条 下列环境信息应予公开或公布：

（一）国家和省、市环境保护法律、法规、规章和其他规范性文件；

（二）国家和省、市环境保护政策、市环境保护规划和计划；

（三）各类环境标准及环境功能区划；

（四）各类污染源企业排污状况和污染治理情况；

（五）市、区、县（市）行政区域环境质量状况；

（六）建设项目环境保护管理情况；

（七）排污费征收依据、标准和使用情况；

（八）行政处罚依据、标准、程序和执行情况；

（九）环境保护部门主要职责、办事程序和服务承诺；

（十）重大环境治理、环保外资引进项目；

（十一）其他环境信息。

第十一条 公众可通过以下方式获取环境信息：

（一）以书面和口头方式直接向环境保护行政主管部门查询；

（二）通过环境保护行政主管部门的网站查询；

（三）通过环境信息刊物查询。

第十二条 公众直接提出获取环境信息要求的，环境保护行政主管部门应当在接到要求后15个工作日内予以答复，特殊情况下可延长至30个工作日。

第十三条 市、区、县（市）环境保护行政主管部门每年应当向公众发布一次本行政区域的环境质量公报。

第十四条 在发生环境污染事故，对公众健康和环境可能造成威胁的紧急情况下，环境保护行政主管部门应迅速向可能受到影响的公众，发布一切能够帮助公众采取措施预防和减少损害的信息。

第十五条 经环境保护行政主管部门认定的污染企业应当定期向公众公布本单位下列环境保护信息：

（一）污染物排放总量及超标准排放污染物状况；

（二）污染物排放对环境造成的影响；

（三）污染事故的防范及对策；

（四）污染治理计划及年度实施情况；

（五）企业内部环境管理情况。

污染企业由市环境保护行政主管部门根据企业事业单位的排污状况、污染负荷和对环境影响程度确定，并定期在媒体上予以公布。

第十六条 政府及其环境保护行政主管部门在制订环境政策、编制环境保护规划、开展地方环境立法中，除涉及国家规定需要保密的内容外，应当先期在新闻媒体公布草案或召开论证会，公开征求公众意见，并采纳其合理意见。

第十七条 除国家规定需要保密的情形外，对环境可能造成重大影响、需编制环境影响报告书的建设项目，环境保护行政主管部门必须在自收到建设项目环境影响报告书后 3 日内，在本地新闻媒体或环境保护网站上公布该建设项目信息，包括项目名称、拟选地址、项目性质、可能对环境造成的影响、防治环境污染和生态破坏的措施。

公众可在建设项目信息公布后 5 日内，以电话、传真、信件、电子邮件等方式，向负责审批该项目的环境保护行政主管部门提出意见，环境保护行政主管部门应当采纳公众的合理意见。

第十八条 建设单位报批的环境影响评价报告书应当附具对有关单位、专家和公众意见的采纳情况做出说明。

第十九条 在本市居民集中居住区域内兴办饮食娱乐服务业建设项目，建设单位应当通过建设项目所在地社区委员会、街道办事处或其他有效方式征求附近公众意见，并对公众意见采纳情况做出说明。

第二十条 环境保护行政主管部门设立公开电话，受理公众对环境污染和生态破坏的投诉以及公众对环境保护工作提出的建议。

公众向人民法院提起环境污染损害赔偿民事诉讼时，环境保护行政主管部门应在污染损害举证方面予以支持。

第二十一条 违反本办法规定，环境保护行政主管部门未按规定公开环境保护信息或不履行法定职责的，由有权机关责令限期履行，逾期不履行的，由纪检监察机关追究其主要负责人和直接责任人的行政责任。

第二十二条 违反本办法第十八条之规定，环境保护行政主管部门未公布建设项目信息或建设单位未按规定征求有关单位、专家和公众意见，环境保护行政主管部门擅自审批建设项目的，该审批行为无效，并对直接责任人给予行政处分。

第二十三条 违反本办法第十九条之规定，在居民集中居住区域内建设饮食娱乐服务业建设项目未征求公众意见的，环境保护行政主管部门不予审批；擅自审批的，对直接责任人给予行政处分。建设单位在征求公众意见时弄虚作假的，由环境保护行政主管部门撤销审批决定，并处以 3 万元以下的罚款。

第二十四条 违反本办法第十五条规定，未公布或者未按规定公布本单位环境保护信息的，由环境保护行政主管部门予以公布，并对责任单位处以 10 万元以下的罚款。

第二十五条 本办法自 2006 年 1 月 1 日起施行。

吉林省环保厅关于进一步加强建设项目环境影响评价公众参与的通知

吉环管字〔2013〕1号

各市（州）环保局、长白山管委会环资局，各县（市、区）环保局：

2012年，全国范围内相继有海南乐东火电厂项目、天津中沙石化PC项目、江苏南通启东达标水排海工程、四川什邡钼铜项目、宁波镇海炼化一体化项目和北京京沈高铁项目等6个项目均因周边群众担心自身环境权益受损而引发大规模群体性事件，在全国造成了极其恶劣的影响。这些起群体性事件主要都是由于环境影响评价公众参与不到位，群众对项目不了解、不理解、不支持，担心项目上马会造成环境污染，危及身体健康而引发的。为进一步加强我省建设项目环境影响评价公众参与，防止因建设项目环评影响评价公众参与不足引发大规模群体事件，现将有关要求通知如下：

一、各级环保部门要进一步加强环境影响评价公众参与工作，确保本地区政府、各有关部门和企业全面了解国家关于建设项目环境影响评价公众参与的有关规定和要求，严格执行环境影响评价公众参与制度。

二、严格审查建设项目环境影响评价公众参与工作落实情况。对编制环境影响评价报告书的项目，要严格监督和指导建设单位和环境影响评价机构按照环保部《环境影响评价公众参与暂行办法》和《关于发布建设项目环境影响报告书简本编制要求的公告》等文件规定，做好环境影响评价公众参与工作。

三、要把环境影响报告书简本作为建设项目环境影响报告书受理条件之一，与环境影响评价文件受理情况同时在具有审批权的环保部门网站上公布（涉密项目除外）。政府和相关部门出具的与建设项目环境影响评价审批相关的各种承诺文件也要进行公告。公告期限不得少于10日。环保部门在作出审批决定后，应当在政府网站公告审批结果。

四、对环境影响评价公众参与的程序合法性、形式有效性、对象代表性、结果真实性等进行全面深入的审查。要高度关注公众提出的反对意见，着重了解建设单位对公众所持反对意见的处理和落实情况。

五、建设单位或受建设单位委托开展环境影响评价公众参与的环境影响评价机构，要严格按照环境影响评价相关法律、法规和环保部《环境影响评价公众参与暂行办法》（环发〔2006〕28 号）要求，全面、公开、公正、客观、规范地开展环境影响评价公众参与工作。受建设单位委托的环境影响评价机构不得再委托任何其他单位及个人开展建设项目环境影响评价公众参与工作。

六、按照环发〔2006〕28 号文件要求，建设项目环境影响报告书报送审批前必须进行两次公告。第一次在建设单位确定了承担环境影响评价工作的环境影响评价机构后 7 日内，通过当地主要报纸、主流网站和相关基层组织信息公告栏等，向公众公告 6 方面信息。第二次在报送环保部门审批前，要向公众公告 8 方面信息以及环境影响报告书简本。两次信息公告时间均不得少于 10 天。重大项目要采取召开座谈会、论证会、听证会等形式，公开征求公众意见。

七、对于建设项目大气环境防护距离或卫生防护距离内居民区、学校、医院等环境敏感区域的搬迁安置方案等信息，必须予以公开，作为公众参与的重要内容。对于大气环境防护距离或卫生防护距离范围内涉及的所有居民和单位，要逐个进行公众参与调查或召开座谈会、听证会征求意见。

八、建设项目环评审批工作绩效已经纳入全省政府环保工作目标责任制考核中的一项重要工作指标。我厅将继续开展建设项目环评审批专项现场执法检查。对经查实确认，在环境影响评价公众参与审查存在重大失误、造成严重影响的，将追究相关责任人责任。

九、省环境工程评估中心在省审建设项目环境影响报告书技术评估阶段，负责对环境影响评价公众参与工作进行全面审查。经查实确认环境影响评价机构在环境影响评价公众参与中违反有关规定，甚至在公众参与中弄虚作假的，我厅将根据问题严重程度，建议环保部给予受建设单位委托的环境影响评价机构通报批评、停业整顿、降低环境影响评价资质等级直至吊销其资质证书。

特此通知。

吉林省环境保护厅

2013 年 1 月 16 日

上海市环境保护局关于发布《关于开展环境影响评价公众参与活动的指导意见（2013年版）》的通知

沪环保评〔2013〕201 号

各有关单位：

为进一步规范环境影响评价机构在环境影响评价文件编制过程中开展公众参与的活动，根据《环境影响评价公众参与暂行办法》《上海市实施〈中华人民共和国环境影响评价法〉办法》、环境保护部《关于切实加强风险防范严格环境影响评价管理的通知》（环发〔2012〕98 号）等相关规定，我局制定了《关于开展环境影响评价公众参与活动的指导意见（2013 年版）》，现印发给你们，请严格遵照执行。

本通知自 2013 年 6 月 1 日起实施，原 2008 年发布的《关于开展环境影响评价公众参与活动的指导意见（暂行）》（沪环保管〔2008〕475 号）同时作废。2013 年 6 月 1 日起报送的建设项目环评文件中公众参与工作应符合本通知规定。

上海市环境保护局

2013 年 5 月 7 日

关于开展环境影响评价公众参与活动的指导意见（2013 年版）

为规范本市环境影响评价单位（简称“环评机构”）在环境影响评价文件编制过程中开展公众参与的活动，根据《环境影响评价公众参与暂行办法》《上海市实施〈中华人民共和国环境影响评价法〉办法》、环保部《关于切实加强风险防范严格环境影响评价管理的通知》（环发〔2012〕98 号）等相关规定，制定《关于开展环境影响评价公众参与活动的指导意见》（2013 年版），请遵照执行。

一、总则

（一）建设项目的实施主体或建设单位（以下简称建设单位）是建设项目环评文件编制期间公众参与的法定主体，应按照国家法律法规和本指导意见的规定，会同该项目环评机构发布相关信息、征求公众意见。

（二）在按照本指导意见以及附件规定发布建设项目环评相关信息时，建设单位和环评机构不得发布可能涉及国家秘密的信息。环评机构在公众参与及信息公开过程中向公众提供的建设项目及其环评信息，必须获得建设单位的确认或同意；未经建设单位和受调查主体的确认或同意，环评机构不得发布可能涉及商业秘密、个人隐私的信息。

（三）建设单位和环评机构应根据公开、诚实的原则，按照国家及本市的相关规定开展公众参与和信息公开，对所公开信息真实性、一致性负责；应如实反映公众意见，不得弄虚作假或隐瞒。

二、适用范围

根据环保部《环境影响评价公众参与暂行办法》，本指导意见适用范围为本市范围内编制环境影响报告书的建设项目。

根据《上海市实施〈环评法〉办法》，编制环境影响报告表且对周围环境可能造成较大影响的建设项目，其公众参与活动可参照本指导意见进行，并可根据项目性质和评价范围等具体情况，对调查对象范围、方式以及问卷调查数量上作适当优化。

三、建设项目环评信息公开的有关规定

（一）建设单位和环评机构应通过互联网、建设项目评价范围涉及区县的公共媒体、公开免费发放包含相关信息的印刷品、以及其他便利公众知情的方式公开项目信息。

对于在公众参与过程中发布的相关信息，建设单位和环评机构应确保所发布的有关信息内容在整个公众参与期间处于有效公开状态。

（二）在确定委托环评机构承担报告书编制任务后 7 个工作日内，建设单位应

会同环评机构在上海环境热线网站（http：//www.envir.gov.cn）进行第一次信息发布，信息发布的期限不得少于10个工作日。信息发布的样式和主要内容参照“建设项目环境影响评价公众参与中信息发布内容”（附件1）执行。

（三）环评报告书编制基本完成后，建设单位应会同环评机构编制第二次信息发布文本，并在上海环境热线网站（http：//www.envir.gov.cn）进行第二次信息发布，信息发布的期限不得少于10个工作日，信息发布的样式和主要内容参照“建设项目环境影响评价公众参与中信息发布内容”（附件1）执行。

同时，建设单位应会同环评机构在该项目评价范围所涉及区（县）报纸等公共媒体发布信息公告，公示项目名称、工程概况、环评初步结论等信息，并提供向建设单位、环评单位反馈意见的途径。对铁路、道路及桥梁、轨道交通、机场、污水处理、生活垃圾处理处置、危险废物综合利用及处理处置、石化、化工、黑色金属及有色金属冶炼、铅蓄电池、新建50万伏及以上输变电工程等建设项目，还应在评价范围内的居民点（居委会、村委会）、学校、医院等敏感目标处以张贴布告的形式同步发布信息公告，并在公告张贴处提供环评文件第二次公示内容书面文本，供公众查阅；其他项目按照环保部有关规定执行。

（四）第二次信息发布之后，如项目性质、规模、地点、采用的生产工艺或防治污染、防治生态破坏的措施发生重大变动或环境敏感目标发生变化的，建设单位应会同环评机构修改报告书第二次信息发布文本并重新发布信息，并补充其他必要的公众参与内容。

四、征求公众意见的有关规定

（一）建设项目环境影响报告书第二次信息发布结束后，建设单位和环评机构应开展问卷调查，并可根据具体情况以座谈会、论证会、听证会等方式征求公众意见。

（二）问卷调查中书面问卷调查是征求公众意见最直接、最主要的方式，网上问卷调查适用于征求大范围公众的意见，可以作为书面问卷调查的辅助和补充。建设单位和环评机构应遵循下列原则进行书面问卷调查：

1. 建设单位和环评机构应在书面问卷调查表和网上问卷调查表中或所附材料中明确告知拟建项目情况、可能存在的环境问题、拟采取的工程环保措施以及项目环境影响预测结果，并同时提供环评文件第二次公示内容书面文本，供受调查公众查阅。

发放的调查表应加盖建设单位及环评单位公章，填写内容必须真实反映调查对象意见，填写人或记录人应签名。

2. 书面问卷调查表的发放对象应具有代表性，应根据建设项目环境影响情况以及评价范围内单位和居民点等的敏感目标人数、空间分布等情况，合理确定各敏感目标内调查对象的书面问卷调查表发放数量。

3. 可能存在重大环境风险或影响、或者社会各界关注程度高的建设项目（如铁路、道路及桥梁、轨道交通、机场、污水处理、垃圾处理处置、危险废物综合利用及处理处置、石化、化工、黑色金属及有色金属冶炼、铅蓄电池、新建 50 万伏及以上输变电工程等建设项目），书面问卷调查表的发放总数应大于 200 份，回收的有效书面问卷调查表比例应不低于 90%。其中，评价范围内敏感目标书面问卷调查的覆盖率应不低于 90%，对敏感目标发放问卷调查数量占总发放总数比例不低于 70%，回收比例应不低于 90%。

对评价范围内医院、学校、养老设施等敏感类的企事业单位、社会团体等，应书面征求单位或团体意见。

4. 可能存在较大环境风险或影响的建设项目，书面问卷调查表的发放总数应不少于 150 份，回收的有效书面问卷调查表比例应不低于 80%。其中，评价范围内敏感目标书面问卷调查的覆盖率应不低于 70%，对敏感目标发放问卷调查数量占总发放总数比例不低于 70%，回收比例应不低于 70%。

对评价范围内医院、学校、养老设施等敏感类的企事业单位、社会团体等，应书面征求单位或团体意见。

5. 其他建设项目，书面问卷调查表的发放总数应不少于 100 份，回收的有效书面问卷调查表比例应不低于 80%。其中，评价范围内敏感目标书面问卷调查的覆盖率应不低于 70%，对敏感目标发放问卷调查数量占总发放总数比例不低于 70%，回收比例应不低于 70%。

可选择评价范围内有代表性的医院、学校、养老设施等敏感类的企事业单位、社会团体等，书面征求单位或团体意见。

（三）建设单位和环评机构采用座谈会、论证会、听证会等方式开展公众参与、征询公众意见的，座谈会、论证会、听证会应由建设单位主持，并遵循下列要求进行：

1. 参加座谈会的公众人数不限，其中属于评价范围内敏感目标的公众人数不得少于 70%；

2．参加论证会的对象为相关专家和具有一定专业知识的公众代表，其中属于评价范围内敏感目标的公众人数不得少于30%；

3．参加听证会的人数不少于15人，主要为可能受影响的公众、相关专家、专业人士以及政府部门代表等，其中属于评价范围内敏感目标的公众人数不得少于70%。

（四）建设单位和环评机构应在环境影响报告书中编制专门的公众参与篇章，说明公众参与的过程和结果，并包括书面问卷调查表调查对象一栏表、座谈会（论证会、听证会）会议纪要以及其他与公众参与相关的材料（复印件）等内容。

对于反对意见较为集中的项目，应分析公众反对的主要原因和理由，并对是否属于本项目环境问题，公众意见是否采纳，环境问题是否已经得到解决，是否需要补充开展公众意见调查等情况予以说明。

公众参与章节的编写应符合《环境影响评价报告中公众参与章节编写要求（暂行）》（附件2）的要求。

（五）建设单位在向市、区两级环保部门报送环境影响报告书时，应按照环保部《关于发布〈建设项目环境影响报告书简本编制〉的公告》及我局“关于本市实施环境保护部《关于〈建设项目环境影响报告书简本编制〉的公告》”有关事项的通知（沪环保评〔2012〕300号），同时提交环境影响报告书简本的纸质和电子版本（参考样式和内容见附件3）。

五、其他规定

对建设单位或环评机构在公众参与中不负责任或弄虚作假，导致公众参与结论失实的，由审批权的环保部门应根据国家和本市有关法规和规定，退回环评文件、不予审批环评文件直至撤销相关行政许可，追究环评机构及其环评项目负责人责任，按规定对相关单位、责任人进行处理并上报环保部，对情节严重、造成社会影响或社会稳定问题的，向环保部建议降低环评机构环评资质、暂停资质或吊销证书。

附件 1

建设项目环境影响评价公众参与中信息发布内容（参考格式）

本附件涉及内容仅为建设单位和环境影响评价机构（简称环评机构）在环评公众参与工作中信息发布的参考格式，所发布的信息应包含但不限于以下内容。

一、环境影响评价第一次信息发布主要内容

1．说明

×××（环评机构）受×××（建设单位）委托开展对×××（建设项目）的环境影响评价。现根据国家及本市法规及规定，向公众进行第一次信息发布。

×××（建设单位）、×××（环评机构）对现阶段所发布信息的真实性负责。随着项目实施进程及环评工作的开展，相关信息将完善或调整。

2．建设项目概要

（1）项目名称

（2）项目地点

（3）项目所属行业

（4）项目内容

3．建设单位概要

（1）建设单位名称

（2）建设单位地址

（3）建设单位联系人

（4）建设单位联系方式

4．环评机构概要

（1）环评机构名称

（2）环评机构证书编号

（3）环评机构地址

（4）环评机构联系人

（5）环评机构联系方式

5．环境影响评价工作程序和主要工作内容

应根据环境影响评价相关技术导则要求，开展环评工作，并针对建设项目特点确定工作重点和具体内容。

6．征求公众意见的主要事项

公众对本项目建设环境保护方面的意见和建议。

7．公众提出意见的主要方式

公众可以发送电子邮件、传真、信函等方式，向建设单位、环评机构反映关于该项目环评工作的意见和建议（不接受与环境保护无关的问题）。

8．信息发布有效期限

二、环境影响评价第二次信息发布主要内容

根据项目后续工作需要，由建设单位及环评机构发布的第三次或后续多次发布的建设项目环评信息亦参照本部分内容。

（一）封面

封面应注明环评机构资质证书编号、项目名称（注明环境影响报告书第二次信息发布文本）、建设单位名称（并加盖公章）、评价单位名称（并加盖公章）、编制日期。

（二）扉页

“×××（环评机构）受×××（建设单位）委托开展对×××（建设项目）的环境影响评价。现根据国家及本市法规及规定，并经×××（建设单位）同意向公众进行第二次信息发布，公开环评内容。

本文本内容为现阶段环评成果。下一阶段，将在听取公众、专家等各方面意见的基础上，进一步修改完善。”

（三）具体内容

1．建设项目概况

①建设项目的地点及相关背景；

②建设项目主要建设内容、生产工艺、生产规模、建设周期和投资（包括环保投资），并附工程特性表；

③建设项目选址选线方案比选，与法律法规、政策、规划和规划环评的相符性。

2．建设项目周围环境现状

①建设项目所在地的环境现状；

②建设项目环境影响评价范围（附有关图件）。

3．建设项目环境影响预测及拟采取的主要措施与效果

①建设项目的主要污染物类型、排放浓度、排放量、处理方式、排放方式和途径及其达标排放情况，对生态影响的途径、方式和范围；

②建设项目评价范围内的环境保护目标分布情况（附相关图件）；

③按不同环境要素和不同阶段介绍建设项目的主要环境影响及其预测评价结果；

④对涉及法定环境敏感区的建设项目应单独介绍对环境敏感区的主要环境影响和预测评价结果；

⑤按不同环境要素介绍污染防治措施、执行标准、达标情况及效果，生态保护措施及效果；

⑥环境风险分析预测结果、风险防范措施及应急预案；

⑦建设项目环境保护措施的技术、经济论证结果；

⑧建设项目对环境影响的经济损益分析结果；

⑨建设项目防护距离内的搬迁所涉及的单位、居民情况及相关措施；

⑩建设单位拟采取的环境监测计划及环境管理制度。

4．公众参与方案

①公开环境信息的次数、内容、方式等；

②征求公众意见的范围、次数、形式等；

③公众参与的组织形式。

5．环境影响评价结论

6．联系方式

建设单位、环评机构的联系人和详细联系方式（含地址、邮编、电话、传真和电子邮箱）。

附件 2

环境影响评价文件中公众参与章节编写要求（暂行）

为了规范环境影响评价中公众参与活动，现制定《环境影响评价文件中公众参与章节编写要求（暂行）》。本市编制环境影响报告书以及需开展公众参与工作的环境影响报告表项目，其环境影响评价文件（以下简称环评文件）中的公众参与章节应包含但不限于以下内容：

一、工作依据、目的和原则

应列明国家以及本市关于环境影响评价公众参与的规章、规范性文件，说明项目开展公众参与的目的和工作原则。

二、公众参与总体方案概述

1. 公众参与实施主体以及参与单位。明确本项目公众参与的实施主体，应为项目建设单位及环评机构。如在公众参与过程中聘请其他机构、人员协助工作，应明确其工作职责和方式，但项目建设单位及环评机构应对公众参与全过程以及结果的真实性负责并承担法律责任。

2. 公众参与对象。按照国家和本市的规定，通过相关利益方分析，识别潜在的受损方、得益者及感兴趣的团体。公众参与的对象可包括以下方面：（1）居住或工作在项目建设地点周围或者工作在附近的利益相关方（包括公民、法人或其他组织）；（2）技术专家；（3）政府部门代表及非政府组织；（4）其他感兴趣的公民、法人或其他组织。

3. 公众参与的主要方式。按照国家和本市的规定，确定本项目公众参与的方式，包括网上信息公示并征询社会各界意见、网上意见调查和采集、在公共媒体上发布公告、在社区和基层组织发布公告、座谈会、专家论证会、听证会、公众意见问卷调查等等。应明确本项目采取的具体形式。

三、公众参与的实施过程

应说明本项目公众参与的全过程，并汇总公众参与各阶段情况（参照表 1）。

表 1　公众参与各环节的实施进度

序号	工作方式	实施时间
1	第一次信息发布	×年×月×日—×年×月×日
2	第二次信息发布	×年×月×日—×年×月×日
3	公众座谈会（如有）	具体时间
4	论证会（如有）	具体时间
5	听证会（如有）	具体时间
6	书面问卷调查	×年×月×日—×年×月×日
7	网上问卷调查（如有）	×年×月×日—×年×月×日
8	当地报纸刊登项目环评信息	×年×月×日
9	基层组织宣传栏中进行信息公告（如有）	×年×月×日
10	公众意见回访	×年×月×日—×年×月×日
11	其他公众参与方式（如有）	×年×月×日

1. 第一次信息发布，列明发布时间、网站、内容（网络截图）以及征集到的意见。

2. 第二次信息发布，列明发布时间、网站、内容（网络截图）以及征集到的意见。

3. 报纸等媒体公告，列明报纸名称、刊登日期、内容（报纸复印件或照片）以及征集到的意见。

4. 社区和基层组织公告（如有），列明具体时间、公告地点、内容（公告复印件或照片）以及征集到的意见。

5. 座谈会（如有）、专家论证会（如有）、听证会（如有），列明次数、具体时间、地点、参会对象（列明人数、环境敏感目标处的公众占参会者的比例，参会人员名录）以及征集到的意见。

6. 问卷调查，列明实施具体时间、实施单位并列明具体负责人员、问卷内容（复印件），发放问卷总数、回收数量和比例，敏感目标问卷发放数量及覆盖率、人数分布及回收比例，以及调查对象清单（姓名、地址、联系方式，以及对项目意见）。可提供汇总表如表 2、表 3。

应分析调查样本代表性，可分析或者列表说明调查对象结构情况，如统计分析被调查者的性别、年龄、文化程度、职业等。

表 2 调查问卷的发放及回收情况

问卷发放对象		类别	方位	距项目边界最近距离（m）	问卷发放数量	有效问卷回收数量
行政区域	敏感目标 1	居民				
		……				
……	敏感目标 2	居民				
		……				
……	敏感目标 3	职工				
……		……				
……	机构 1					
……	……					
	……	专家	—	—		
	……	政府部门代表或非政府组织代表				
	……	人大代表、政协委员				
合计						

表 3 问卷调查对象名录

序号	姓名	所属敏感目标	地址	联系方式	对项目态度	对象类型
1	王××					居民
2	李××					职工
……	……					……
……	张××					专家
……	……医院					机构
……	…养老院					机构
……	……					……
……	……学校					机构

7．评价范围内机构征求意见情况（如有），列明征求意见的单位名称、地址，以及征求意见单内容（复印件）。

8．其他公众参与方式及情况。

9．本项目公众参与工作与相关规定的符合性分析。（可参照表 4）

表 4 公众参与工作符合性分析

序号	指导意见要求	本项目实施情况	符合性分析
1	书面问卷调查表的总数及回收率	发放数量×××份，回收率××%	
2	评价范围内敏感目标覆盖率	敏感目标覆盖率××%	
3	敏感目标问卷发放量、占总发放量比例及回收比例	发放量×××，占发放总数比例××%，回收率××%	
5	公众座谈会（如有）人数，其中环境敏感目标处人数比例	每次参加人数××人，其中环境敏感目标处人数占比为××%	
6	论证会（如有）人数，其中环境敏感目标处人数比例	参会人数，其中环境敏感目标处人数占比为××%	
7	参加听证会（如有）人数，其中环境敏感目标处人数比例	参会人数，其中环境敏感目标处人数占比为××%	
8	网上公示	具体情况	
9	当地报纸等媒体公告	具体情况	
10	基层组织宣传栏中进行信息公告（如有）	具体情况	

四、公众参与调查意见分析及答复

1. 网上公示、媒体及社区公告阶段公众意见及答复。应列明公示、公告阶段公众来信来电、来访、邮件等方式的意见以及答复情况。

2. 座谈会、论证会、听证会等意见分析，应将收集到的意见汇总梳理、分类。

应提供座谈会、论证会、听证会会议纪要以及其他与公众参与相关的材料（复印件）等内容。

3. 评价范围内机构征求意见分析，应列明评价范围内机构征求意见及反馈情况。

4. 问卷调查统计、分析及回访。根据问卷调查的内容分析梳理公众对项目的态度以及具体意见，应统计支持、反对、有条件支持的比例。应列明提出反对以及有条件支持意见的公众及其意见清单，对持反对意见的公众进行项目情况沟通和回访，并列明回访后调查对象的意见反馈。

5. 公众及专家意见采纳情况。综合上述汇总和分析，梳理收集到的公众、专家意见分类，环评机构会同建设单位，提出采纳意见和措施（应明确落实在环评文件的相应部分），对不采纳的情况说明理由。

对于反对意见较为集中的项目，应分析公众反对的主要原因和理由，并对是否属于本项目环境问题，公众意见是否采纳，环境问题是否已经得到解决，是否需要补充开展公众意见调查等情况予以说明。

五、公众参与工作总结

应从合法性、有效性、代表性、真实性等方面对公众参与工作进行总结，并说明公众参与总体结论和意见采纳情况。

附件 3

建设项目环境影响报告书简本（报批阶段）参考样式

一、封面

应注明评价单位资质证书编号、项目名称（应注明环境影响报告书简本）、建设单位名称（并加盖公章）、评价单位名称（并加盖公章）、编制日期。

二、扉页

“本简本内容由×××（环评机构）编制，并经×××（建设单位）确认同意提供给环保主管部门作×××项目环境影响评价审批受理信息公开。×××（建设单位）、×××（环评机构）对简本文本内容的真实性、与环评文件全本内容的一致性负责。

本简本中公众参与内容全文摘自本项目环境影响报告书中公众参与章节，×××（建设单位）、×××（环评机构）承诺公众意见调查内容是真实的。”

三、内容要求（摘自环保部公告 2012 年第 51 号）

（一）建设项目概况

1. 建设项目的地点及相关背景；

2. 建设项目主要建设内容、生产工艺、生产规模、建设周期和投资（包括环保投资），并附工程特性表；

3. 建设项目选址选线方案比选，与法律法规、政策、规划和规划环评的相符性。

（二）建设项目周围环境现状

1. 建设项目所在地的环境现状；

2. 建设项目环境影响评价范围（附有关图件）。

（三）建设项目环境影响预测及拟采取的主要措施与效果

1. 建设项目的主要污染物类型、排放浓度、排放量、处理方式、排放方式和途径及其达标排放情况，对生态影响的途径、方式和范围；

2．建设项目评价范围内的环境保护目标分布情况（附相关图件）；

3．按不同环境要素和不同阶段介绍建设项目的主要环境影响及其预测评价结果；

4. 对涉及法定环境敏感区的建设项目应单独介绍对环境敏感区的主要环境影响和预测评价结果；

5．按不同环境要素介绍污染防治措施、执行标准、达标情况及效果，生态保护措施及效果；

6．环境风险分析预测结果、风险防范措施及应急预案；

7．建设项目环境保护措施的技术、经济论证结果；

8．建设项目对环境影响的经济损益分析结果；

9．建设项目防护距离内的搬迁所涉及的单位、居民情况及相关措施；

10．建设单位拟采取的环境监测计划及环境管理制度。

（四）公众参与

应全文摘录环境影响报告书中公众参与章节内容并包括以下信息，但应注意保护个人隐私相关信息：

1．公开环境信息的次数、内容、方式等；

2．征求公众意见的范围、次数、形式等；

3．公众参与的组织形式；

4．公众意见归纳分析，对公众意见尤其是反对意见处理情况的说明；

5．从合法性、有效性、代表性、真实性等方面对公众参与进行总结。

（五）环境影响评价结论

（六）联系方式

建设单位、环评机构的联系人和详细联系方式（含地址、邮编、电话、传真和电子邮箱）。

江苏省环境保护厅关于切实加强建设项目环境保护公众参与的意见

苏环规〔2012〕4号

各市、县（市、区）环保局、有关单位：

为进一步规范和完善建设项目环境保护公众参与，着力维护公众的合法环境权益，根据《中华人民共和国环境影响评价法》《规划环境影响评价条例》《环境影响评价公众参与暂行办法》（环发〔2006〕28号）、《环境信息公开办法（试行）》等法律法规，现就进一步加强我省建设项目环境保护公众参与工作提出如下意见：

一、充分认识环保公众参与工作的重要性。自《环境影响评价公众参与暂行办法》（环发〔2006〕28号）实施以来，我省建设项目环境保护公众参与工作总体规范，执行情况较好，对严格环境准入、促进转型升级、加强社会监督起到了较好的作用。同时，在环评公众参与中还存在着调查对象代表性不强、公众参与有效性不足及公众意见采纳不全面等问题，应引起高度重视。各级环保部门和环评机构应统一思想，提高认识，把公众参与作为建设项目环境保护管理工作的重要环节，有序规范引导公众参与意见表达，认真采纳吸收公众参与合理诉求，依法合规发挥公众参与监督作用。

二、明确环保公众参与的工作范围。按照《环境影响评价公众参与暂行办法》（环发〔2006〕28号）要求，对环境可能造成重大影响、应当编制环境影响报告书的建设项目，或者因发生重大变更需重新报批环境影响报告书的建设项目，或者环境影响报告书批准五年后方决定开工建设的建设项目，应严格开展环境保护公众参与。编制环境影响报告表需要开展公众参与的建设项目从其相关规定。严格按照《规划环境影响评价条例》的相关要求，强化规划环境影响评价公众参与工作。建设项目竣工环保验收也须加强公众参与工作。

三、严格环保公众参与调查要求。公众参与调查范围不得小于环境影响评价范围，并涵盖项目的敏感保护目标。书面问卷调查表发放，应根据各敏感目标分布情况，合理确定书面问卷调查表的发放数量，确保其具有代表性。对可能存在重大环境风险或影响的建设项目，书面问卷调查表的发放数量不少于200份；对可能存在较大环境风险或影响的建设项目，书面问卷调查表的发放数量不少于150份；其他建设项目书面问卷调查表的发放数量不少于100份。回收的有效书面问卷调查表应大于90%。对于搬迁范围、卫生防护距离、环境防护距离范围内涉及的所有住户或单位，原则上应逐个进行调查，被征求意见的对象应当包括可能受到建设项目影响的公民、法人或者其他组织的代表。当调查范围内调查对象数量不多时，可适当减少或按不少于调查对象80%的数量发放书面问卷调查表。

四、完善环评公众参与听证制度。对化工集中区（园区）、重金属专业片区以及铅蓄电池、生活垃圾焚烧发电、生活垃圾填埋、危废焚烧、危废填埋等社会关注的热点项目、环境敏感的化工及污水处理厂项目，建设单位或者其委托的环评机构在环境影响评价阶段必须通过听证方式公开征求公众意见。听证会应在环境信息公开及公众意见问卷调查工作完成后召开。为保证听证会的公平公正，遴选听证代表应综合考虑地域、职业、专业知识背景、表达能力、受影响程度等因素，充分保证听证代表的广泛性，听证会必须邀请持不同观点和意见的代表参加。

五、规范环保公众参与公告公示。建设单位在开展环境影响评价的过程中，应通过网站、报纸等公共媒体和相关基层组织信息公告栏等便于公众知情的方式，向公众公告项目的环境影响信息。对重大环境敏感项目，应在地方主流媒体公示相关信息。公示信息必须真实有效，包含建设项目的评价范围及受影响的公众范围，并图示。属于省级环保部门审批的建设项目，建设单位应在江苏环保公众网进行相关信息公示；属于其他环保部门审批的建设项目，鼓励建设单位在江苏环保公众网进行公示。张贴公告须公布在建设项目所在地所涉及的镇政府（街道办事处）、村委会（居委会）、学校、医院等处。环保部门应按照《关于发布〈建设项目环境影响报告书简本编制要求〉的公告》（环保部2012年第51号公告）要求，公开建设项目环境影响报告书受理的有关信息，公示期限不得少于10个工作日，且确保其公开的有关信息在整个审批期限之内均处于公开状态。环保部门应在网站公开环境影响评价文件的审批结果。在建设项目竣工环保验收监测或调查中，承担监测或调查的单位应主动征求当地公众的意见，并在监测报告或调查报告中汇总、反馈给建设单位和负责验收的环保部门。环保部门在完成建设项目竣工环保验收审批前向社会公示，公示时间为7天，并向社会公布建设项目竣工环保验收结果。

六、加强环保公众参与的有效监督。环保部门在环评文件的受理和审批中，应当对公众意见的调查、采纳情况进行审查，判断其合理性并提出处理意见。要高度关注公众提出的反对意见，着重了解建设单位对公众所持反对意见的处理和落实情况。必要时，可以对公众意见进行核实。建设单位或其委托的环评机构应当秉承公开、平等、广泛和便利的原则开展公众参与，认真考虑公众意见，并对公众参与的程序合法性、形式有效性、对象代表性、结果真实性及时效性负责。受委托的环评机构不得再委托任何第三方开展公众参与工作。要建立健全环保公众参与监督机制。省环保厅审批的化工集中区（园区）、重金属专业片区以及铅蓄电池、生活垃圾焚烧发电、生活垃圾填埋、危废焚烧、危废填埋等社会关注的热点项目、环境敏感的化工及污水处理厂项目，须由建设项目所在地县级以上环保部门对其公众参与调查问卷进行核查，并出具核查证明文件。省环保厅委托厅环境公众意见调查部门对重大、重点敏感和热点项目或规划环评环境影响报告书公众参与情况进行复核，随机抽取不少于10%的问卷调查表进行核查；参加环评编制阶段公众参与听证会，对其程序、方法、要求等进行监督；采取调查公众意见、咨询专家意见以及召开座谈会、论证会、听证会等形式再次公开征求公众意见。地方各级环保部门应明确专门机构或人员，切实强化环评审批公众参与全过程监督。

七、积极采纳公众参与调查意见。建设单位、环评机构应将征求的公众意见纳入环评报告书，对未采纳的公众意见应当作出说明，并将反对意见的原始资料作为环评报告书的附件。对公众反对意见超过20%的项目，环保部门应采取座谈会、论证会的形式，再次征询公众意见；必要时可召开听证会公开征求公众意见。对存在公众参与范围过小、代表性差、原始材料缺失、程序不符合要求，经厅环境公众意见调查部门核实存在公众反对意见强烈、一时无法有效化解或者存在弄虚作假行为等问题的项目环评文件，一律不予受理和审批，并对相关机构和责任人员作出限期整改或严肃处理。对施工期存在重大信访情况，有群体性反对意见的项目，环保部门应督促建设单位限期整改，逾期未整改到位的，暂停该项目建设，并开展社会稳定风险评估、环境影响后评价等，符合规定后再予实施。

八、重视敏感项目社会稳定风险评估工作。对直接关系人民群众切身利益且涉及面广、容易引发社会稳定问题的重大敏感项目，应由所在地环保部门报请同级人民政府按照《江苏省社会稳定风险评估办法（试行）》进行社会稳定风险评估。对社会稳定风险等级评估结果属于较高风险的敏感项目，依照规定暂停受理和审批其环境影响报告书；对社会稳定风险等级评估结果属于低风险的敏感项目，要做好公众意见解释工作，妥善处理群众合理诉求，注重隐患排查和有效控制。

本意见自 2012 年 12 月 1 日起实行。请各级环保部门认真贯彻执行，并将意见实施过程中遇到的问题和情况及时报告我厅。

江苏省环境保护厅

2012 年 10 月 22 日

南京市环境保护局关于进一步加强建设项目环境影响评价文件编制公众参与工作的意见

宁环办〔2014〕19号

各驻宁环评机构、各有关单位：

为进一步规范我市环境影响评价文件编制公众参与工作，更好地保障公众的参与权、知情权和监督权，根据《环境影响评价法》《环境影响评价公众参与暂行办法》《关于切实加强建设项目环境保护公众参与的意见》（苏环规〔2012〕4号）和《建设项目环境影响评价政府信息公开指南（试行）》（环办〔2013〕103号），现就我市建设项目环境影响评价文件编制公众参与工作的有关事项通知如下：

一、规范程序，确保依法合规

环评文件编制过程的公众参与应遵循国家和省相关规定，公开环境影响评价信息，删除涉及国家秘密、商业秘密、个人隐私以及涉及国家安全、公共安全、经济安全和社会稳定等内容应按国家有关法律、法规规定执行。

1. 编制环境影响报告书类的建设项目。环评机构在受理报告书编制委托协议后，除涉密项目外，应按规定及时向公众发布相关信息公告。报告书简本编制完成后，按规定进行网上公示。公告、公示后，通过现场张贴公示、发放调查表、咨询专家意见、座谈会等形式充分征求公众意见。在此基础上完善报告书内容，形成报批稿，并在报批前，按规定删除涉及国家秘密和商业秘密等内容后公开报告全本，公开时间不少于5个工作日。

2. 编制环境影响报告表类的建设项目。对选址敏感、可能存在环境影响较大、涉及公众利益的项目，在报告表编制过程中，应通过现场张贴公示、发放调查表等形式充分征求公众意见。环境影响报告表编制完成后、报批前，按规定删除除涉及国家秘密和商业秘密等内容外全本公开，公开时间不少于3个工作日。

二、强化现场组织，确保公众参与

现场公众参与工作由建设单位或委托的环评编制机构实施，受委托的环评机构不得再委托任何第三方。现场公众参与调查前，须制定工作方案，明确公众参与方式、调查表发放范围、数量和时间等。

1. 合理确定调查范围，确保代表性。公众参与调查范围不得小于环境影响评价范围，并涵盖项目的敏感保护目标。对搬迁范围、卫生防护距离、环境防护距离范围内涉及的所有住户或单位，原则上应逐个进行调查，被征求意见对象应当包括可能受到建设项目影响的公民、法人或者其他组织的代表。

2. 完善调查方式，确保真实性。在建设项目所在地涉及的镇政府（街道办事处）、村委会（居委会）、学校、医院及方便可能受拟建项目环境影响的居民、单位（组织）可见处张贴公告，公告应注明建设项目基本信息、可能存在的环境影响、拟采取的防治措施及效果、公示期限、反映意见联系方式等。现场公告张贴情况应以照片形式记录，编入环评文件中。

现场公众参与调查表由建设单位或委托的环评机构正式工作人员发放，由被调查人本人亲自填写。调查人员应对调查表发放、回收情况书面说明，签字存档。

3. 强化审核，确保真实有效。环评文件报批前，建设单位或委托的环评机构质量控制部门须对公众调查表逐份核实，确保真实有效，对不符合要求的应退回补充调查。核查人员应对核实情况作出书面说明，签字存档。

三、规范公参材料报送

建设单位报批环境影响报告书（表）时，须同时报送以下材料：

1. 环境影响报告书（表）全本1份（加盖公章），并附电子版文书（PDF格式）。公示版须按规定删除涉及国家秘密、商业秘密等内容。删除内容在原报告书（表）中以相等字符数的空白部分替代。删除内容较多时，应注明删除字数，并保持原文书页码和结构。

2. 公示版删除内容及删除依据和理由说明（加盖公章）。

3. 报送报告书（表）前，建设单位依法主动公开删除涉秘等内容的报告书（表）全本信息的证明材料（如网页截图）。

4. 建设项目主要环境影响及预防或者减轻不良环境影响的对策和措施（纸质及电子稿）。

5. 建设单位或地方政府落实相关环保措施的承诺文件（纸质，加盖公章），主要指建设单位落实相关污染防治措施的承诺和地方政府落实相关基础设施、拆迁、区域环境综合整治等的承诺。

报市环保局审批的项目，以上材料须报市环境技术评估中心审核，符合要求后予以受理并公示。

对环评机构不负责任、存在弄虚作假等现象的，除按规定对建设项目进行处理外，我局将暂停受理该环评机构编制、由我局审批的其他项目环评文件。

本意见自 2014 年 2 月 1 日起施行，各区（园区）环保局可结合自身实际参照执行。

南京市环境保护局

2014 年 1 月 22 日

关于印发苏州市环境保护局实施《建设项目环境影响评价政府信息公开指南（试行）》工作规程的通知

苏环办字〔2014〕106 号

局机关各处室、直属单位：

为贯彻落实环保部《建设项目环境影响评价政府信息公开指南（试行）》（环办〔2013〕103 号）规定，特制定我局实施工作规程。现予印发，请遵照执行。

附件：苏州市环境保护局实施《建设项目环境影响评价政府信息公开指南（试行）》工作规程

二〇一四年十二月二十六日

苏州市环境保护局实施《建设项目环境影响评价政府信息公开指南（试行）》工作规程

第一章 总 则

第一条 为进一步规范建设项目环境影响评价政府信息公开，加大环境影响评价公众参与力度，根据《环境影响评价法》《政府信息公开条例》（国务院令第492 号）、《环境信息公开办法（试行）》（国家环保总局令第 35 号）、《关于印发〈环境影响评价公众参与暂行办法〉的通知》（环发〔2006〕28 号）、《关于印发〈建设项目环境影响评价政府信息公开指南〉的通知》（环办〔2013〕103 号）等，结合我市实际制定本规程。

第二条 本规程适用于我局在履行建设项目环境影响评价文件审批、建设项目竣工环境保护验收过程中制作或者获取的，以一定形式记录、保存的信息。

第二章 主动公开范围、方式、期限

第三条 环境影响评价政府信息主动公开范围包括：

（一）环境影响评价相关法律、法规、规章及管理程序。

（二）建设项目环境影响评价审批，包括：环境影响评价文件受理情况、拟作出的审批意见、作出的审批决定。

（三）建设项目竣工环境保护验收，包括：竣工环境保护验收申请受理情况、拟作出的验收意见、作出的验收决定。

公开环境影响评价信息，删除涉及国家秘密、商业秘密、个人隐私以及涉及国家安全、公共安全、经济安全和社会稳定等内容应按国家有关法律、法规规定执行。

第四条 环境影响评价政府信息在我局网站主动公开。

第五条 属于主动公开的环境影响评价政府信息，应当自该信息形成或者变更之日起20个工作日内予以公开。法律、法规对环境影响评价政府信息公开的期限另有规定的，从其规定。

第三章 建设项目环境影响评价文件审批信息的主动公开

第六条 我局在受理建设项目环境影响报告书、表时，应核实建设单位是否依法主动公开建设项目环境影响报告书、表全本信息，并审核建设单位提交的公开全本信息时删除的涉及国家秘密、商业秘密等内容及删除依据和理由说明报告。

第七条 我局在受理建设项目环境影响报告书、表后，应向社会公开受理情况，征求公众意见。公开内容包括：项目名称、建设地点、建设单位、环境影响评价机构、受理日期、环境影响报告书、表全本（除涉及国家秘密和商业秘密等内容外）、公众反馈意见的联系方式（审批联系人、联系电话及电子邮箱）。环境影响报告书、表的受理情况公开期限分别不得少于10个工作日和2个工作日，并确保有关信息在整个审批期限内处于公开状态。

第八条 我局在建设项目作出审批意见前，应向社会公开拟作出的批准或不予批准环境影响报告书、表的意见，并告知申请人、利害关系人听证权利。公开期限不得少于5个工作日，并确保有关信息在整个审批期限内均处于公开状态。

第九条 拟作出批准的意见公开内容包括：项目名称、建设地点、建设单位、环境影响评价机构、项目概况、主要环境影响及预防或者减轻不良环境影响的对策和措施、公众参与情况、建设单位或地方政府所作出的相关环境保护措施承诺文件、听证权利告知、公众反馈意见的联系方式（审批联系人、联系电话及电子邮箱）。拟作出不予批准的意见公开内容包括：项目名称、建设地点、建设单位、环境影响评价机构、项目概况、公众参与情况、拟不予批准的原因、听证权利告知、公众反馈意见的联系方式（审批联系人、联系电话及电子邮箱）。

第十条 我局在建设项目作出批准或不予批准环境影响评价报告书、表的审批决定后，应向社会公开审批情况，告知申请人、利害关系人行政复议与行政诉讼权利。公开内容包括：文件名称、文号、时间及全文；行政复议与行政诉讼权利告知；公众反馈意见的联系方式。

第四章 建设项目竣工环境保护验收信息的主动公开

第十一条 我局在受理建设项目验收监测（调查）报告书、表时，应核实建设单位是否依法主动公开建设项目验收监测（调查）报告书、表全本信息，并审核建设单位提交的公开全本信息时删除的涉及国家秘密、商业秘密等内容及删除依据和理由说明报告。

第十二条 我局在受理建设项目竣工环境保护验收申请后，应向社会公开受理情况，征求公众意见。公开内容包括：项目名称、建设地点、建设单位、验收监测（调查）单位、受理日期、验收监测（调查）报告书、表全本（除涉及国家秘密和商业秘密等内容外）、公众反馈意见的联系方式（验收联系人、联系电话及电子邮箱）。公开期限不得少于 2 个工作日，并确保其公开的有关信息在整个验收期限之内均处于公开状态。

第十三条 我局在建设项目作出验收意见前，应向社会公开拟作出的验收合格或验收不合格的意见，并告知申请人、利害关系人听证权利。公开期限不得少于 5 个工作日，并确保其公开的有关信息在整个验收期限之内均处于公开状态。

第十四条 拟作出验收合格的意见公开内容包括：项目名称、建设地点、建设单位、验收监测（调查）单位、项目概况、环保措施落实情况、听证权利告知、公众反馈意见的联系方式（验收联系人、联系电话及电子邮箱）。拟作出验收不合格的意见公开内容包括：项目名称、建设地点、建设单位、验收监测（调查）单位、项目概况、验收不合格的原因、听证权利告知、公众反馈意见的联系方式（验收联系人、联系电话及电子邮箱）。

第十五条 我局在建设项目作出验收合格或验收不合格的审批决定后，应向社会公开审批情况，告知申请人、利害关系人行政复议与行政诉讼权利。公开内容包括：文件名称、文号、时间及全文；行政复议与行政诉讼权利告知；公众反馈意见的联系方式。

第五章 附 则

第十六条 环境影响评价政府信息依申请公开的，按照国家和地方有关政府信息公开规定执行。

第十七条 本规程自 2015 年 1 月 1 日起实施。

关于印发《浙江省环境保护厅建设项目环境影响评价公众参与和政府信息公开工作的实施细则（试行）》的通知

浙环发〔2014〕28号

各市、县（市、区）环保局，在浙各环评单位：

为进一步规范和加强建设项目环境影响评价公众参与工作，加大环境影响评价信息公开力度，根据有关法律法规及文件的要求，结合工作实际，我厅制定了《浙江省环境保护厅建设项目环境影响评价公众参与和政府信息公开工作的实施细则（试行）》，现印发给你们，请贯彻执行。

附件：浙江省环境保护厅建设项目环境影响评价公众参与和政府信息公开工作的实施细则（试行）

浙江省环境保护厅

2014年5月19日

浙江省环境保护厅建设项目环境影响评价公众参与和政府信息公开工作的实施细则（试行）

第一章 总 则

第一条 为进一步保障公众对环境保护的参与权、知情权和监督权，加强环境影响评价工作的公开、透明，加大环境影响评价公众参与公开力度，根据《中华人民共和国环境影响评价法》《中华人民共和国政府信息公开条例》《浙江省建设项目环境保护管理办法》（省政府令第288号）、原国家环保总局《环境影响评价公众参与暂行办法》（环发〔2006〕28 号）、环境保护部办公厅《关于印发〈建设项目环境影响评价政府信息公开指南（试行）〉的通知》（环办〔2013〕103 号）等法律法规和相关文件的要求，制定本细则。

第二条 本细则适用于环境影响评价文件由浙江省环境保护厅（以下简称“省环保厅”）负责审批的建设项目（依法保密的项目除外）。

第二章 公众参与

第三条 应当编制环境影响报告书的建设项目和应当编制环境影响报告表且位于环境敏感区（以下简称“敏感区报告表”）的建设项目应进行公众参与，公众参与包括公示和公众调查。环境影响评价公众参与的范围应当与建设项目的环境影响范围相一致，即与环评确定的评价范围相一致，并且涵盖项目的敏感对象和保护目标。

第四条 在城市居民区内可能产生油烟、噪声、异味等直接影响公众生活环境的餐饮、娱乐、加工等建设项目，按照规定应当填报环境影响登记表的，建设单位应当在报批环境影响登记表前，征求受建设项目直接环境影响的利害关系人的意见。

第一节 公 示

第五条 建设单位应当在确定承担环境影响评价工作的环境影响评价机构后 7 个工作日内，向公众公示下列信息：

（一）建设项目的名称及概要；

（二）建设项目的建设单位名称和联系方式；

（三）承担评价工作的环境影响评价机构的名称和联系方式；

（四）环境影响评价的工作程序和主要工作内容；

（五）征求公众意见的主要事项；

（六）公众提出意见的主要方式；

（七）省环保厅有关审批处室的联系方式。

第六条 自报批环境影响报告书、敏感区报告表 10 日前，建设单位或其委托的环境影响评价机构向公众公示下列信息：

（一）建设项目情况简述；

（二）建设项目对环境可能造成影响的概述；

（三）预防或者减轻不良环境影响的对策和措施的要点；

（四）环境影响报告书或敏感区报告表提出的环境影响评价结论的要点；

（五）公众查阅环境影响报告书简本或敏感区报告表简本的方式和期限，以及公众认为必要时向建设单位或环境影响评价机构索要补充信息的方式和期限；

（六）征求公众意见的范围和主要事项；

（七）征求公众意见的具体形式；

（八）公众提出意见的起止时间；

（九）省环保厅有关审批处室的联系方式；

（十）明确在报送省环保厅报批或重新审核前，项目环境影响报告书、敏感区报告表向公众公开的方式和时间。

第七条 上述公示时间均不得少于10个工作日。公示应采取以下一种或两种方式进行：

（一）在建设项目所在地的主要媒体（报纸或电视）上进行公示；

（二）在建设项目所在地、建设项目敏感对象和保护目标的乡镇（街道）、村（社区）的公告栏上张贴布告进行公示，公示应标识显明；

有条件的，还可辅以增加通过公开、免费发放包含有关公示内容信息的印刷品进行公示或其他便利公众知情的信息公示方式。

第八条 环境影响报告书简本或敏感区报告表简本的公开可采取以下一种或多种方式进行：

（一）在特定场所提供简本，如在当地的行政审批中心，评价范围内各行政村村委会办公室或社区服务中心等；

（二）制作包含简本的专题网页；

（三）在公众网站或专题网站上设置简本的链接；

（四）其他便于公众获取简本的方式。

第二节 公众调查

第九条 公众调查可以采用调查问卷或者召开座谈会、论证会、听证会等方式。

第十条 建设单位或者其委托的环境影响评价机构采取发放调查问卷方式调查公众意见的，应当在环境影响报告书、敏感区报告表的编制过程中完成，并且个人调查对象原则上不少于50人，团体调查对象原则上不少于20家；评价范围内调查对象少于20家或50人的，应当全部列为调查对象。

调查问卷内容设计应当简单、通俗、明确、易懂，避免设计可能对公众产生明显诱导的问题。调查问卷问答应至少包括以下内容：

（一）项目基本情况；

（二）公众对当地环境质量的认可程度；

（三）公众认为该地区主要的环境问题；

（四）公众对本项目的了解程度；

（五）公众对建设单位环境信誉的满意程度；

（六）公众对本项目最担心的环境问题；

（七）公众认为本项目建成投产后对周边居民居住生活环境的影响程度；

（八）公众对项目建设的态度以及具体的意见和建议；

（九）在环境影响报告书、敏感区报告表信息公开过程中，公众是否愿意公开姓名、电话等个人信息。

第十一条 建设单位或者其委托的环境影响评价机构决定以座谈会或者论证会的方式征求公众意见的，应当根据环境影响的范围和程度、环境因素和评价因子等相关情况，合理确定座谈会或者论证会的主要议题。

在座谈会或者论证会召开 7 日前，将座谈会或者论证会召开的时间、地点、主要议题等事项，在当地主要媒体（报纸或电视）向公众公告，并书面通知环境影响评价范围内的各行政村村委会或社区居委会等，邀请社会团体、研究机构、有关环境敏感区的管理机构、学校、村（居）民委员会等有关单位、个人参加。

建设单位或者其委托的环境影响评价机构应当根据现场会议记录整理制作座谈会议纪要或者论证结论，并存档备查，会议纪要或者论证结论应当如实记载不同意见。

第十二条 听证会组织要求可以参照《环境影响评价公众参与暂行办法》执行。

第三节 环评文件的公众参与章节

第十三条 环境影响评价公众参与内容应在环境影响报告书、敏感区报告表中单独设相关章节。

第十四条 环境影响报告书、敏感区报告表的公众参与章节应包括公示和公众调查两方面内容。包括：公示情况、公示过程和公示结果，公众调查情况和调查过程、调查的具体内容和调查结果、调查信息统计表等。

建设单位或其委托的环境影响评价机构应在公众参与相关章节中如实反映公众意见，对于具体的公众意见和建议应提出采纳或不采纳的说明，并对反对者进行反馈，反馈结果应在公众参与相关章节中进行说明。环境信息公示和公众调查的原始资料应由建设单位或其委托的环境影响评价机构妥善存档保管，以便查阅，并注意保护公众个人隐私。

第十五条 建设单位或其委托的环境影响评价机构对公众参与的真实性负责，省环保厅对建设项目环境影响评价阶段的公众参与情况进行形式审查，对建设单位提交的环评文件应当进行公众参与而无公众参与内容，或公众参与章节内容设置不符合国家相关规定和本细则要求的，一律不受理该环评文件。

第三章 环境信息公开

第一节 建设项目环境信息公开

第十六条 所有应当编制环境影响报告书（表）的建设项目，建设单位在向省环保厅提交建设项目环境影响报告书（表）前，应依法主动公开建设项目环境影响报告书（表）信息。公开方式可参照本细则第八条要求执行。

建设单位应向省环保厅提交环境影响报告书（表），同时附删除的涉及国家秘密、商业秘密等内容及删除依据和理由说明报告，同时说明建设项目环境影响报告书（表）信息公开情况。

第二节 政府信息公开

第十七条 省环保厅在履行环境影响评价报告书审批过程中制作或者获取的，以一定形式记录、保存的信息，应当按照《关于印发〈建设项目环境影响评价政府信息公开指南（试行）〉的通知》（环办〔2013〕103 号）要求，在厅门户网站主动公开环境影响评价政府信息。

第十八条 省环保厅在受理建设项目环境影响评价报告书（表）时，对建设单位提供的关于删除涉及国家秘密、商业秘密等内容的依据和理由说明报告进行审核，依法公开建设项目环境影响报告书（表）。公开环境影响评价信息，涉及国家秘密、商业秘密、个人隐私以及涉及国家安全、公共安全、经济安全和社会稳定等内容应按国家有关法律、法规规定执行。

第十九条 建设项目环境影响评价政府信息主动公开内容包括以下三方面：

（一）公开受理情况并征求公众意见，公开内容包括：项目名称、建设地点、建设单位、受理日期、环境影响评价机构、环境影响报告书（表）（除涉及国家秘密和商业秘密等内容外）、公众反馈意见的联系方式；

（二）公开拟作出审批意见，公开内容包括：项目名称、建设地点、建设单位、环境影响评价机构、项目概况、公众参与情况、建设单位或地方政府所作出的相关环境保护措施承诺文件、听证权利告知、公众反馈意见的联系方式；拟批准环境影响报告书（表）的项目还应公开建设项目的主要环境影响及预防或者减轻不良环境影响的对策和措施；拟不予批准环境报告书（表）还应公开不予批准的原因；

（三）公开作出审批决定，公开内容包括：文件名称、文号、时间及全文、行政复议与行政诉讼权利告知、公众反馈意见的联系方式。

自项目环境影响报告书（表）受理情况公告之日起至拟作出审批意见公告期届满，不得少于 7 个工作日，其中拟作出审批意见的公告期不得少于 5 个工作日。

第二十条 环境影响评价政府信息依申请公开按照国家和我省有关政府信息公开规定执行。

第四章 附 则

第二十一条 本细则自 5 月 19 日起实施，省环保厅《关于切实加强建设项目环境影响评价公众参与工作的实施意见》（浙环发〔2008〕55 号）同时废止。

附件：省环保厅建设项目环境影响评价政府信息公开格式

附件

省环保厅建设项目环境影响评价政府信息公开格式

省环保厅将主动公开的环境影响评价政府信息通过省环保厅门户网站公开，建设项目环评文件的审批信息公开按下面格式要求执行。

（一）受理情况公开

省环保厅关于××年××月××日受理建设项目环评文件的公告

序号	项目名称	建设地点	建设单位	环评机构	受理日期	环评文件链接

公告时间：

联系人：省环保厅××处

联系电话：××××　传真：××××

通讯地址：杭州市文一路306号。

公众可以信函、传真或其他方式，向我厅咨询相关信息，并提出有关意见和建议。

（二）拟作出审批意见公开

省环保厅关于××年××月××日拟对建设项目环评文件作出审批意见的公告

1．拟批准的建设项目环境影响评价文件

序号	项目名称	建设地点	建设单位	建设项目概况	公众参与情况	相关环保措施承诺	主要环境影响及预防或者减轻不良环境影响的对策和措施

2．拟不予批准的建设项目环境影响评价文件

序号	项目名称	建设地点	建设单位	建设项目概况	公众参与情况	拟不予批准的原因

根据建设项目环境影响评价审批程序的有关规定，经审议，我厅拟对上述×个建设项目环境影响评价文件作出审批意见。为保证审批意见的严肃性和公正性，维护公众环境权益，现将各建设项目环境影响评价文件的基本情况予以公告。公告期为××年××月××日至××年××月××日（5个工作日）。

联系人：省环保厅××处

联系电话：×××× 传真：××××

通讯地址：杭州市文一路306号。

听证告知：依据《中华人民共和国行政许可法》，自公告起五日内申请人、利害关系人可对上述拟作出建设项目环境影响评价文件批复决定要求听证。

（三）作出审批决定公开

省环保厅关于××年××月××日作出的建设项目环评文件审批决定的公告

序号	文件名称	文号	时间	原文链接

公告期为××年××月××日至××年××月××日（7个工作日）。

行政复议与行政诉讼权利告知：公民、法人或者其他组织认为公告的环境影响评价审批决定侵犯其合法权益的，可以自公告期限届满之日起六十日内提起行政复议，也可以自公告期限届满之日起三个月内提起行政诉讼。

浙江省环境保护局关于切实加强建设项目环境影响评价公众参与工作的实施意见

浙环发〔2008〕55号

各市、县（市、区）环保局，省局直属各单位：

为进一步规范和加强建设项目环境影响评价公众参与工作，强化社会监督，根据《中华人民共和国环境影响评价法》、原国家环保总局《环境影响评价公众参与暂行办法》（环发〔2006〕28号）、《浙江省建设项目环境保护管理办法》、浙江省人民政府办公厅《关于进一步规范完善环境影响评价审批制度的若干意见》（浙政办发〔2008〕59号）等法律法规和规范性文件的有关要求，特提出以下实施意见：

一、积极鼓励公众参与环境影响评价活动。公众参与环境影响评价活动应本着公开、平等、广泛和便利的原则进行。建设单位或其委托的环境影响评价机构在编制环境影响评价文件（以下简称“环评文件”）过程中，以及环保部门在审批或者重新审核建设项目环评文件过程中，应当公开有关环境影响评价的信息，依法进行公众参与（法律法规规定需要保密的情形除外）。公众参与工作要杜绝弄虚作假等现象，环评编制过程中公众参与结果的真实性、代表性、客观性和公正性，由项目建设单位和环境影响评价机构共同承担。

二、明确需要公众参与的建设项目范围。环境影响评价公众参与的范围应当与建设项目的环境影响范围相一致，即与环评确定的评价范围相一致，并且涵盖项目的敏感对象和保护目标。下列建设项目环境影响评价必须进行公众参与：编制环境影响报告书的建设项目；环境影响报告书经批准后，项目的性质、规模、地点、采用的生产工艺或者防治污染、防止生态破坏的措施发生重大变动，建设单位应当重新报批环境影响报告书的建设项目；环境影响报告书自批准之日起超过5年方决定开工建设，其环境影响报告书应当报原审批机关重新审核的建设项目。对于其他编制环境影响报告表的建设项目，负责审批的环保部门认为有必要，也可以要求建设单位组织公众参与，公众参与的具体要求，由负责审批的环保部门确定。

三、做好公众调查和公告公示。公众调查和公告公示是环境影响评价公众参与的两种主要形式。公众调查可以采取发放公众调查表、咨询专家意见以及召开座谈会、论证会、听证会等多种方式，以发放公众调查表方式为主，其余方式为辅。公告公示方式包括：（一）在建设项目所在地的主要媒体（电视或报纸）上进行公告公示；（二）在建设项目所在地、建设项目敏感对象和保护目标的乡镇（街道）、村（社区）的公告栏上张贴布告进行公告公示，公告应标识显明；（三）通过公开、免费发放包含有关公告、公示内容信息的印刷品进行公告公示；（四）在政府门户网站、环保部门门户网站等进行公告公示。公告公示方式以第一种或第二种方式为主，其余方式为辅。如果建设项目的环境影响跨行政区域，则应在覆盖受影响地区的主要媒体上进行公告公示。公告公示期间，公告公示单位应当准备环评文件供公众阅览。

四、进一步明确公众调查对象和要求。环境影响评价公众调查的对象包括单位和个人。公众调查必须具有典型性和代表性，项目环评确定的评价范围内的敏感对象和保护目标必须全部列入调查对象，并按比例随机确定具体被调查者。团体调查对象，包括项目所在地的管理机构、社会团体、科研教育单位以及调查范围内的村（居）民委员会（社区委员会）、企业单位等，原则上调查数量应不少于20家；个人调查对象，包括调查范围内的居（村）民，原则上调查数量应不少于50人。评价范围内调查对象少于20家或50人的，应当全部列为调查对象。如果调查表格没有全部回收，则必须对没有回收的表格做详细阐述和分析。

五、科学设定环境影响评价公众调查内容。环境影响评价公众调查时应向被调查者详细介绍建设项目的基本情况、项目建设可能产生的环境影响范围和程度（特别是对环境敏感点的影响）、主要的环境保护措施及效果等内容。调查表内容设计应当简单、通俗、明确、易懂，避免设计可能对公众产生明显诱导的问题。调查表问答应至少包括以下内容：（一）公众对当地环境质量的认可程度；（二）公众认为该地区主要的环境问题；（三）公众对本项目的了解程度；（四）公众对建设单位环境信誉的满意程度；（五）公众对本项目最担心的环境问题；（六）公众认为本项目建成投产后对周边居民居住生活环境的影响程度；（七）公众对项目建设的态度以及具体的意见和建议等。

六、严格做好环评阶段的公告公示工作。建设单位应当根据《环境影响评价公众参与暂行办法》的规定，在确定承担环境影响评价工作的环境影响评价机构后7个工作日内，向公众进行公告，公告内容包括：（一）建设项目的名称及概要；（二）建设项目的建设单位名称和联系方式；（三）承担评价工作的环境影响评价机构的名称和联系方式；（四）环境影响评价的工作程序和主要工作内容；（五）征求公众意见的主要事项；（六）公众提出意见的主要方式；（七）当地环保部门和项目审批部门联系人及联系电话。建设单位或其委托的环境影响评价机构在环境影响评价具有初步结论的基础上应向公众进行公示，公示内容包括：（一）建设项目情况简述；（二）建设项目对环境可能造成影响的概述；（三）预防或者减轻不良环境影响的对策和措施的要点；（四）环境影响报告文件提出的环境影响评价结论的要点；（五）公众查阅环评文件简本的方式和期限，以及公众认为必要时向建设单位或环境影响评价机构索要补充信息的方式和期限；（六）征求公众意见的范围和主要事项；（七）征求公众意见的具体形式；（八）公众提出意见的起止时间；（九）当地环保部门、环评单位和项目建设单位联系电话及联系人，项目审批部门联系人及联系电话。环评文件简本必须便于公众索取。若环评文件经评审修改后，负责审批或者重新审核的环保部门认为与原公示文本及简本的内容存在较大出入的，应再次进行公示。公告公示时间必须保证在 10 个工作日以上。各级环保部门应高度重视和严格审查建设项目环境影响评价阶段的公众参与情况，对建设单位提交的环评文件应当进行公众参与而无公众参与内容，或公众参与内容不符合国家相关规定和本通知要求的，一律不得受理该环评文件。

七、真实反映和认真对待公众参与意见。环境影响评价公众参与内容应在环境影响报告书中单独设篇章。环境影响评价报告书的公众参与章节应包括公众调查和公告公示两方面内容，并在环境影响报告书中附具公众调查表（团体调查表和个人调查表各附一份，以及持反对意见的全部调查表、提出建议意见的全部调查表），公告公示样本和图片，公告公示地的公示证明（在自然村公告公示的由所在行政村出具公示证明）和当地环保部门对公告公示结果的说明。公众调查内容包括：团体和个人调查样本，调查情况和调查过程，调查的具体内容和调查结果，调查信息汇总表等。若公众对项目建设有反对意见的，建设单位或其委托的环境影响评价机构应对项目持反对意见的公众意见核实原因，对于具体的公众意见和建议应提出采纳或不采纳的说明，并对反对者进行反馈，反馈结果应在环评文件中进行说明（公众调查信息汇总表形式和内容详见附件）。公众调查的原始资料应由环评编制单位妥善存档保管，以便查阅。公告公示的原始材料，由负责审批或者重新审批的环保部门存档保管。

八、抓好环评文件受理阶段的公众意见征求工作。负责审批或者重新审核的环保部门应当在受理建设项目环境影响评价报告书及相关材料后，同时在项目所在地的主要媒体（电视或报纸）和环保部门门户网站上，公告环境影响报告书受理的有关信息，征求公众意见。公告期限不得少于10个工作日，并确保其公开的有关信息在整个审批期限内均处于公开状态。环保部门在根据上述要求公开征求意见后，对公众意见较大的建设项目，可以采取调查公众意见、咨询专家意见、座谈会、听证会等形式再次公开征求公众意见。决定举行听证会的，按原国家环保总局《环境保护行政许可听证暂行办法》等规定执行（项目利害关系人的告知、听证要求，按照《中华人民共和国行政许可法》的相关规定执行）。在作出审批或重新审核的决定后，应当在本部门门户网站上公告审批或者审核结果。

九、进一步强化批评教育和责任追究。建设单位和环境影响评价机构在编制环评文件过程中弄虚作假，造成公众参与内容严重失实的，各级环保部门应视情节轻重，对建设单位进行通报批评，并暂停审批建设项目环评文件；对环境影响评价机构及个人进行通报批评，责令限期整改，直至提请环境保护部依法作出相应处罚。对在审批或者重新审核建设项目环境影响评价报告书过程中，未按照本规定要求进行公众参与的市、县（市、区）环保部门，我局将视情节轻重，对该单位和相关人员进行批评教育、通报批评；造成严重后果的，依法追究有关人员的责任。

十、自本通知下发之日起，我局《关于加强建设项目环境影响评价公众参与工作的实施意见（试行）》（浙环发〔2005〕49号）即行废止。

附件：公众调查信息汇总表样本

附件：

公众调查信息汇总表（个人）

序号 姓名 性别 年龄 联系方法 所处村庄 或单位 方位 与项目距离 态度或意见

公众调查信息汇总表（团体）

序号 单位名称 联系人 联系电话 方位 与项目距离 态度或意见

安徽省环境保护厅关于进一步加强建设项目环境影响评价公众参与工作的通知

环评函〔2012〕946号

各市环保局，省直管县环保局：

自《环境影响评价公众参与暂行办法》实施以来，我省建设项目环境影响评价中的公众参与工作逐渐规范，在维护公众合法环境权益、维护社会稳定等方面发挥了积极作用。为进一步加大环境影响评价公众参与和政府信息公开力度，更好地保障公众对环境保护的知情权、参与权和监督权，环保部于8月15日发布了《关于发布〈建设项目环境影响报告书简本编制要求〉的公告》（2012年第51号公告，网址：http：//www.mep.gov.cn），对建设项目环境影响报告书简本的编制及公开提出了明确要求。现结合我省实际，将有关事项通知如下并请各市环保局将此件转发辖区内各县（市、区）环保局。

一、省内各环境影响评价持证机构要认真对照环保部《建设项目环境影响报告书简本编制要求》编制环境影响报告书简本。简本的编制质量纳入环境影响评价持证单位日常考核。

二、建设单位在向环保部门提出环境影响报告书审批申请时，应同时提交报告书简本（一式两份，封面盖建设单位公章，并附电子版PDF格式）。

三、各级环保部门不得受理缺少环境影响报告书简本的环境影响报告书。环保部门在受理环境影响报告书后，应在本部门网站上进行受理公示，公布报告书简本，并附审批部门联系人及联系方式。报告书简本及受理公示（打印件）应纳入报告书档案管理，与报告书及其批复等一并存档。

四、环境影响评价持证机构要对其编制的环境影响报告书简本的质量和真实性及结论负责，对在工作中不负责任或弄虚作假的单位或个人，将按照相关管理办法，严肃追究责任。

安徽省环境保护厅

2012年8月27日

安徽省环保厅关于加强建设项目环境影响评价及环保竣工验收公众参与工作的通知

皖环发〔2013〕91号

各市、省直管县环保局：

为充分保障公众的环境知情权和参与权，提高行政决策的民主性和科学性，现就进一步加强建设项目环境影响评价及环保竣工验收工作中的公众参与的有关事项通知如下：

一、进一步加强建设项目环境影响评价公众参与工作

（一）强化环评审批环节的信息公开和公众参与。全省各级环保部门要按照《环境影响评价公众参与暂行办法》（以下简称《暂行办法》）的规定，严格实行环境影响报告书受理和审批信息公开。在公示项目受理情况时，应按照环保部关于建设项目环境影响报告书简本编制要求，同时公布环境影响报告书简本。公开的信息在整个审批期限内均应处于公开状态。各级环保部门要加强对环境影响报告书中公众参与内容的审查，重点审查公众参与的程序合法性、形式有效性、对象代表性、结果真实性等。在环境影响报告书技术审查中，技术评估机构应对公众调查意见，采用电话询问、现场核查、查阅资料档案等形式进行抽样核查并做好记录。对环境风险高的项目，审批机构还应进一步抽样核查。核查的具体办法由各地根据实际情况制定。

（二）规范环评编制阶段的信息公开和公众参与。建设项目环评公众参与的实施主体必须是建设单位或者其委托的环评机构，建设单位委托环评机构开展公众参与的，必须在合同中予以确认，受委托的环评机构不得再委托任何第三方开展公众参与工作。公众参与实施主体应严格按照《暂行办法》规定的内容、途径、程序、时间、范围、对象、形式等要求，客观、规范地公开建设项目环境信息，信息公开至少应采用两种不同方式。在征求和调查公众意见阶段，采取问卷调查方式征求公众意见的，不得对单个样本随意进行取舍，调查问卷应由调查人、被调查对象签名；采取咨询专家意见、座谈会和论证会、听证会等形式开展公众参

与调查的，需严格按照《暂行办法》规定的程序及有关要求进行。公众参与实施主体对公众参与的所有原始资料应当保全存档备查，召开座谈会、论证会、听证会的还应留存全程影像资料。建设单位在向环保部门报批环境影响报告书时，应同时提交与公众参与相关资料的复印件，包括调查问卷合订本（调查问卷及统计表）、专家咨询意见，座谈会、论证会和听证会的有关资料（包括会议通知或听证会公告、参会者名单及代表签名、会议记录、会议纪要和全程影像电子材料），上述资料一式两份，纸质资料均需加盖公众参与实施主体公章及骑缝章。

二、进一步加强建设项目竣工环保验收公众参与工作

编制环境影响报告书的建设项目，验收监测或调查单位编制监测或调查报告应设公众参与专章，并附公众参与人员姓名、联系方式、对建设项目的总体意见、与建设项目单位关系等汇总表。验收阶段公众参与人员应考虑从环评阶段原公众参与人员中抽取，所占比例原则上不得低于 30%。负责验收的环保部门在验收审批前向社会公示，公示时间为 7 天。

环境敏感度高、环境污染重、环境风险大的建设项目，对公众参与中“不满意”或“反对”意见的人员，负责验收的环保部门在验收期间要认真核实。经核实，情况属实的，责令企业整改；反映不实的意见，要耐心做好解释工作，并妥善处理。

三、进一步强化责任追究

公众参与实施主体应对环境影响评价文件中公众参与的结果负责。对公众参与工作存在范围过小、代表性差、原始材料缺失、程序不符合要求甚至弄虚作假等问题的环境影响报告书，全省各级环保部门一律不予审批。

受建设单位委托的环评机构，在环评公众参与工作中不负责任或弄虚作假，导致公众参与结论失实的，将追究环评单位和项目负责人的责任，并向全省通报，记入环评单位日常考核记录，情节严重的，将向环保部建议降低环评机构环评资质等级或者吊销其资质证书。对验收监测或调查单位在建设项目竣工环保验收公众参与工作中不负责任或弄虚作假的，将暂停其开展验收监测或调查业务，并向全省通报。环评机构、验收监测或调查单位属我省环保系统的，依照有关规定予以进一步追责。

全省各级环保部门要高度重视建设项目环评审批和竣工环保验收的信息公开

工作，加强公众参与形式与内容审查核实。对故意掩盖有关信息或在公众参与形式与内容审查核实中有渎职行为的，将依照有关规定进行追责。各级环保部门要加强对本辖区建设项目环境影响评价及竣工环保验收公众参与工作的指导和监督，对违反《暂行办法》和本通知规定的，应及时向省厅报告。

安徽省环境保护厅

2013 年 10 月 18 日

合肥市环境保护局关于印发进一步加强环境影响评价公众参与工作实施意见的通知

局属各单位、机关各处室，开发区环保分局，各环评机构：

经局领导研究同意，现将《关于进一步加强环境影响评价公众参与工作实施意见》印发给你们，请认真贯彻落实。

二〇一一年九月二十九日

关于进一步加强环境影响评价公众参与工作实施意见

为进一步规范和加强建设项目环境影响评价公众参与工作，强化社会监督，根据《中华人民共和国环境影响评价法》《环境保护行政许可听证暂行办法》及《环境影响评价公众参与暂行办法》等法律法规和规范性文件的要求，提出以下实施意见。

一、充分认识环境影响评价公众参与的重要性

环境影响评价公众参与是保障人民群众环境知情权，推进环境信息公开的重要内容。公众参与环境影响评价活动应当本着公开、平等、广泛和便利的原则进行。建设单位或其委托的环境影响评价机构在编制环境影响评价文件（以下简称“环评文件”）过程中，以及环保部门在审批或者重新审核建设项目环评文件过程中，应当公开有关环境影响评价的信息，依法进行公众参与。公众参与工作要杜绝弄虚作假等现象，环评编制过程中公众参与结果的真实性、代表性、客观性和公正性，由项目建设单位和环境影响评价机构共同承担。

二、需要公众参与的建设项目范围

下列建设项目环境影响评价必须进行公众参与（法律法规规定需要保密的情

形除外）：

（一）编制环境影响报告书的建设项目；

（二）环境影响报告书经批准后，项目的性质、规模、地点、采用的生产工艺或者防治污染、防止生态破坏的措施发生重大变动，建设单位应当重新报批环境影响报告书的建设项目；

（三）环境影响报告书自批准之日起超过5年方决定开工建设，其环境影响报告书应当报原审批机关重新审核的建设项目；

（四）编制环境影响报告表的建设项目，审批该项目的环境保护主管部门认为有必要，也可以要求建设单位或其委托的环评机构组织公众参与。

三、做好环评文件编制阶段环境信息公开和公众参与工作

（一）严格做好环评文件编制阶段的两次信息公告

需要公众参与的建设项目，在环境影响评价文件编制过程中，除法律法规规定需要保密的内容外，应当根据《环境影响评价公众参与暂行办法》第八条、第九条的规定，进行两次信息公告，公告事项不得缺漏。

环境信息公告的方式包括：1. 在政府门户网站、环保部门门户网站等进行公告；2. 在建设项目所在地、建设项目敏感对象和保护目标的乡镇（街道）、村（社区）的公告栏上张贴布告进行公告，公告应标识明显；3. 在建设项目所在地的主要媒体（电视或报纸）上进行公告；4. 通过公开、免费发放包含有关公告信息的印刷品进行公告。公告方式以第一种或第二种为主，其他方式为辅。

信息公告期间，环评文件简本必须便于公众索取，可以在公告网站上同时公布环评文件简本，或者提供其他便于公众获取简本的方式。

（二）多方式多渠道广泛征求公众意见

环境影响评价公众参与的范围应当与建设项目的环境影响范围相一致，即与环境影响评价文件确定的评价范围相一致，并且涵盖项目的敏感对象和保护目标。建设单位或其委托的环评机构可以采取发放问卷调查表、在建设项目所在地张贴布告、咨询专家意见以及召开座谈会、论证会、听证会等多种方式征求公众意见，原则上应当同时采取上述两种以上方式征求意见。发放问卷调查表征求公众意见的对象包括单位和个人，范围应当包括项目环评确定的评价范围内的敏感对象和保护目标。单位调查对象包括项目所在地的管理机构、社会团体或者基层自治组织（居委会、村委会、业主委员会等）；个人调查对象包括调查范围内的居（村）

民。环评文件中应当附有问卷调查表样本、向单位调查对象征求公众意见的函件及意见反馈情况。在建设项目所在地张贴布告征求公众意见的，应当明确告知意见反馈方式，且标识显明，并在环评文件中附具公告地基层组织（街道、乡镇、村委会、居委会或业主委员会）或公证部门出具的公示证明、张贴布告的内容和图片。

咨询专家意见以及召开座谈会、论证会、听证会等方式征求公众意见的，应当按照《环境影响评价公众参与暂行办法》的规定进行，并在环评文件中附具有关材料。

四、加强对公众参与内容真实性的审核

负责审批或者重新审核的环保部门应当加强对环评文件公众参与内容真实性、客观性和公正性的审核。对公众调查意见进行抽样审核的，抽样审核的样本数不得少于样本总数的5%，并做好审核记录。审核中发现问题的，建设单位或其委托的环评机构必须作出合理解释，如存在弄虚作假的，依照合肥市环保局《关于进一步加强环境影响评价机构管理的暂行规定》（合环审〔2011〕44号），对环评机构及其工作人员进行问责。

公众参与调查的原始资料由环评编制单位妥善存档保管，以便审核和查阅。

五、做好环评文件受理阶段的公众意见征求工作

需要公众参与的建设项目，负责审批或者重新审核的环保部门应当在受理建设项目环境影响评价文件及相关材料后，在环保部门门户网站或地方政府门户网站上公告环境影响评价文件受理的有关信息，征求公众意见。公告期限不得少于10个工作日，并确保其公开的有关信息在整个审批期限内均处于公开状态。

环保部门根据上述要求公开征求意见后，对公众意见较大的建设项目，可以采取调查公众意见、咨询专家意见、座谈会、听证会等形式再次公开征求公众意见。决定举行听证会的，按原国家环保总局《环境保护行政许可听证暂行办法》等规定执行（项目利害关系人的告知、听证要求，按照《中华人民共和国行政许可法》的相关规定执行）。在作出审批或重新审核的决定后，应当在环保部门门户网站或地方政府门户网站上公告审批或者审核结果。

六、进一步强化批评教育和责任追究

建设单位和环境影响评价机构在编制环评文件过程中弄虚作假，造成公众参与内容严重失实的，视情节轻重，对建设单位进行通报批评，并暂停审批建设项目环评文件；对环境影响评价机构及个人进行通报批评，责令限期整改，直至提请环境保护部依法作出相应处罚。对在审批或者重新审核建设项目环境影响评价文件过程中，未按照本规定要求进行公众参与的，我局将视情节对该单位和相关人员进行批评教育、通报批评；造成严重后果的，依法追究有关人员的责任。

本意见自下发之日起执行，县、区级环保部门环评公众参与工作可以参照本办法执行。

江西省环境保护厅关于进一步加强建设项目环境影响评价公众参与监督管理工作的通知

赣环评字〔2014〕145 号

各设区市环保局，各在赣环评持证单位，厅环境工程评估中心：

为贯彻落实环保部《环境影响评价公众参与暂行办法》（环发〔2006〕28 号）（以下简称《办法》）的规定，做好我省建设项目环境影响评价公众参与工作，现就有关事项补充要求通知如下：

一、公开环境信息。建设单位或者其委托的环评机构应在环评工作开展前和环境影响报告书报送环保部门审批前，按规定在建设项目所在地县级及以上人民政府网站、报纸、电视等主要媒体分别发布公告，同时还应在评价范围内所有的村委会（社区居委会）、工业园区管委会等处公告栏张贴信息公告。信息公告必须包含《办法》第八条、第九条要求的全部内容。每次公告时间不少于 10 天，确保受影响的公众全面获悉建设项目信息。第二次公告期间，应对第一次公告时公众所关注的问题和有关意见建议进行反馈，作出解释和说明。

二、征求公众意见。公众参与工作由建设单位或者其委托的环评机构实施，在建设项目开展环评的信息公告后，采取调查公众意见、咨询专家意见等方式公开征求公众意见。对于环境敏感性大，群众反对意见多的建设项目，可采取召开座谈会、听证会等形式征求公众意见，以及委托有资质单位进行项目社会稳定风险评估。在开展调查公众参与工作前，环评机构应根据项目污染程度、周边环境特征及相关要求制定方案，作为开展调查公众参与工作的重要依据。

三、公众意见调查范围。在进行公众意见调查时，要注意公众意见调查表发放的代表性和覆盖性。公众意见调查范围应涵盖项目周边的敏感保护目标，重点为可能受到建设项目直接影响的单位代表和公众，以及项目所在地和受影响地区的基层组织代表、人大代表、政协委员、有关专家等。对可能受影响的单位，原则上应全部进行调查。对居民住宅按户进行调查，每户居民填写一份调查问卷。属项目建设征地拆迁的按有关规定和要求办理，原则上不纳入调查范围。

四、调查公众意见样本数。化工石化、冶炼（火法）、水泥、垃圾焚烧发电、铅蓄电池、制革、造纸（化学制浆）、化纤（自制浆）、危险废物综合利用及处置（火法）、医疗废物处置、生活垃圾填埋等重污染项目，水利水电、公路、铁路、机场、城市轨道交通等生态类项目，问卷调查表的发放数量原则上不少于150份；有色金属冶炼（湿法）、危险废物综合利用（湿法）、电镀、矿山开发等其他有较大环境风险或影响项目，问卷调查表的发放数量原则上不少于100份；一般项目问卷调查表的发放数量原则上不少于50份；地处偏远、人烟稀少区域、可能受到直接影响的公众数量不足规定样本数的项目，应向全部受直接影响的公众发放问卷调查表。回收的有效问卷调查表数量应大于发放总量的90%。

五、调查意见的使用。受委托的环评机构应将公众意见分类统计汇总后纳入环评报告，如实反映不同情况和不同意见，对未采纳的公众意见应当作出说明和合理解释，严禁把反对意见列为无效问卷随意舍弃。环评机构应将公众参与调查所有原始资料存档备查，并在环评报告中附不少于10份和全部持反对意见的问卷调查表原本复印件。

六、调查意见的核查。在项目环评报告书技术评估阶段，应随机抽取不少于5%的受调查公众进行当面或电话回访核查；对提出过反对意见（后期不再反对）的公众须进行100%回访，同时做好回访核查记录档案；对于环境影响评价公众参与工作中存在的调查范围过小、代表性差、原始材料缺失、程序不符合要求、一致性差甚至弄虚作假等问题的项目环评文件一律不得予以评估和审批。经核实，凡与实际调查情况一致性低于80%的，必须重新开展公众参与工作。

七、责任追究。建设单位或受其委托的环评机构要对环境影响报告书中公众参与章节的质量、真实性及结果负责。对在公众参与工作中存在重大失误或弄虚作假的行为，应责成建设单位重新开展公众参与或进行社会稳定风险评估，并对建设单位实行约谈、媒体曝光或企业（集团）环评限批等处罚。如涉及环评机构的，将依据《建设项目环境影响评价资质管理办法》中的相关规定，追究环评机构和有关人员的责任，情节严重的将上报环保部。

江西省环境保护厅

2014年7月1日

山东省环境保护厅关于加强建设项目环境影响评价公众参与监督管理工作的通知

鲁环评函〔2012〕138号

各有关单位：

《环境影响评价公众参与暂行办法》（环发〔2006〕28号，以下简称《办法》）实施以来，我省建设项目环境影响评价中的公众参与工作逐步规范，在维护公众合法环境权益、维护社会稳定等方面发挥了积极作用。但近年来也出现了建设项目公众参与走过场、被调查公众没有代表性、受影响公众不知悉建设项目公告信息、公众意见缺乏反馈、公众参与形式过于单一等问题，引发了部分建设项目受影响公众信访、投诉事件。为进一步做好建设项目环境影响评价公众参与工作，现就有关问题通知如下：

一、实施主体。建设单位或者其委托的环评机构作为建设项目环境影响评价公众参与的实施主体，应按照相关法规政策要求，公开、公正、客观、规范地开展工作。受委托的环评机构不得再委托任何第三方开展公众参与工作。

二、调查方案。建设单位或者其委托的环评机构在开展环境响评价公众参与时，要按照《办法》要求制定公众意见调查方案，并征得项目所在地县级环保部门同意后实施。

三、调查范围。建设单位或者其委托的环评机构在进行公众调查时，要做到公众调查表发放的代表性和覆盖性，对于搬迁范围、卫生防护距离范围、环境防护距离范围内涉及的所有住户或单位应逐个进行调查；对于评价范围内可能受到影响的公众，按不少于当地常住人口的10%比例进行调查；被征求意见的对象必须包括可能受到建设项目影响的公民、法人或者其他组织的代表。

四、调查内容。公众参与调查应包括以下基本内容：

（一）对建设项目的了解程度；

（二）对空气环境质量影响的认可程度；

（三）对地表水环境质量影响的认可程度；

（四）对地下水环境质量影响的认可程度；

（五）对声环境质量影响的认可程度；

（六）对固体废物环境影响的认可程度；

（七）对生态环境影响的认可程度；

（八）对环境风险防控措施的认可程度；

（九）对施工期环境影响的认可程度；

（十）对项目建设必要性的认可程度；

（十一）对项目建设最关心的问题；

（十二）是否同意项目建设。

五、信息公告。建设单位或者其委托的环评机构应按照《办法》规定，在环评工作开展前和环境影响报告书报送环保部门审批前，按规定在建设项目所在地主要媒体分别发布公告，同时还应在评价范围内所有的村委会（社区居委会）公告栏处张贴信息公告，设立公众意见调查资料发放点。信息公告必须包含《办法》第八条、第九条要求的全部内容。每次公告时间不少于 10 天，确保受影响的公众全面获悉建设项目信息。第二次公告期间，应对第一次公告时公众所关注的问题和有关意见建议进行反馈，作出解释和说明。

六、调查意见使用。建设单位或者其委托的环评机构应将两次征求的公众意见纳入环评报告书公众参与章节中，对未采纳的公众意见，应当作出说明，并将公众参与调查原始资料存档备查。

七、调查意见的核查。省环保厅审批的建设项目，须由建设项目所在地县级环保部门对其公众参与调查问卷真实性进行核查，并出具核查证明文件。省建设项目环境审核受理中心在建设项目评估过程中应随机抽取不少于 10 份公众意见调查表核查其真实性。经核实，凡与实际调查情况一致性低于 80%的，必须重新开展公众参与工作。

八、指导和监督。各级环保部门要加强对本辖区建设项目公众参与调查的指导和监督，对建设项目公众参与违反《环境影响评价公众参与暂行办法》（环发〔2006〕28 号）和本通知规定的，应及时向我厅报告。对超过 20%的公众有反对意见的项目，省环保厅将采取座谈会、论证会的形式征询公众意见；必要时可召开听证会公开征求公众意见。座谈会、论证会、听证会等均应形成会议记录（应包括会议现场全程影像记录资料），经与会代表签字后存档。建设单位和环评单位要公开联系人员名单。

九、责任追究。建设单位或受其委托的环评机构要对环境影响报告书中公众参与章节的质量和真实性及结果负全责。对环评单位在公众参与工作中不负责任或弄虚作假，致使公众参与结论失实的，将追究项目负责人的责任，向全省通报批评，停止其从事环评工作。情节严重、造成社会恶劣影响的，向环境保护部建议降低环评机构环评资质等级或者吊销其资质证书。

二〇一二年五月八日

河南省环境保护厅关于加强建设单位环评信息公开工作的公告

河南省环境保护厅 公告 2016年 第7号

为进一步保障公众依法有序行使环境保护知情权、参与权和监督权，按照《环境保护部关于印发建设项目环境影响评价信息公开机制方案的通知》（环发〔2015〕162号）要求，我厅进一步强化对建设单位环评信息公开工作的监督约束，逐步建立全过程、全覆盖的建设项目环评信息公开机制，现将有关事项公告如下：

一、明确建设项目环评信息公开主体

建设单位是建设项目选址、建设、运营全过程环境信息公开的主体，应履行环境责任，加强公众参与，依法依规建设，保障公众权益，并对其信息公开的合法性、有效性、代表性和真实性负责。

二、全面推进建设单位环评信息全过程公开

（一）公开建设项目环评报批前的信息

公开环境影响报告书编制信息。按照《环境影响评价公众参与暂行办法》（环发〔2006〕28号）要求，建设单位在建设项目环境影响报告书编制过程中，应当向社会公开建设项目的工程基本情况、拟定选址选线、周边主要保护目标的位置和距离、主要环境影响预测情况、拟采取的主要环境保护措施、公众参与的途径方式等。

公开环境影响报告书（表）全本。根据《大气污染防治法》第十八条“企业事业单位和其他生产经营者建设对大气环境有影响的项目，应当依法进行环境影响评价、公开环境影响评价文件”，建设单位在向环境保护主管部门报批环境影响评价文件前，应当向社会公开环境影响报告书（表）全本，其中对于编制环境影响报告书的建设项目还应一并公开公众参与情况说明。报批过程中，如对环境影响报告书（表）进一步修改，应及时公开最后版本。

（二）公开建设项目开工前的信息

建设项目开工建设前，建设单位应当向社会公开建设项目开工日期、设计单位、施工单位和环境监理单位、工程基本情况、实际选址选线、拟采取的环境保护措施清单和实施计划、由地方政府或相关部门负责配套的环境保护措施清单和实施计划等，并确保上述信息在整个施工期内均处于公开状态。

（三）公开建设项目施工过程中的信息

项目建设过程中，建设单位应当在施工中期向社会公开建设项目环境保护措施进展情况、施工期的环境保护措施落实情况、施工期环境监理情况、施工期环境监测结果等。

（四）公开建设项目建成后的信息

建设项目建成后，建设单位应当向社会公开建设项目环评提出的各项环境保护设施和措施执行情况、竣工环境保护验收监测和调查结果。对主要因排放污染物对环境产生影响的建设项目，投入生产或使用后，应当定期向社会特别是周边社区公开主要污染物排放情况。

三、加强建设单位环评信息公开监管

建设单位可通过互联网或其他媒体形式，建立建设项目环评信息发布平台。建设单位或者受其委托开展环评工作的环评单位，应在本公告印发之日起，逐步落实本公告要求。2016 年 5 月 1 日起，建设单位在报送建设项目环境影响报告书（表）的同时，应一并报送公开环境影响报告书（表）、公众参与情况说明的证明材料，否则，各级环保部门不予受理和审批其建设项目环境影响报告书（表）。

特此公告。

2016 年 3 月 13 日

关于印发《广东省建设项目环保管理公众参与实施意见》的通知

粤环〔2007〕99 号

各市、县环保局：

为了进一步规范和推进我省建设项目环保管理公众参与工作，我局制订了《广东省建设项目环保管理公众参与实施意见》。现印发给你们，请遵照执行。

二〇〇七年十二月二十九日

广东省建设项目环保管理公众参与实施意见

为进一步规范和完善我省建设项目环境影响评价、试生产（运行）与竣工环境保护验收的公众参与工作，有效维护公众的合法环境权益，根据《环境影响评价法》、国家环保总局《环境影响评价公众参与暂行办法》《关于建设项目竣工环境保护验收实行公示的通知》（环办〔2003〕26 号）等的规定，结合我省实际，制定本实施意见。

一、适用范围

（一）对环境可能造成重大影响、应当编制环境影响报告书的建设项目；

（二）环境影响报告书经批准后，项目的性质、规模、地点、采用的生产工艺或者防治污染、防止生态破坏的措施发生重大变动，建设单位应当重新报批环境影响报告书的建设项目；

（三）环境影响报告书自批准之日起超过五年方决定开工建设，其环境影响报告书应当报原审批机关重新审核的建设项目；

（四）本实施意见第二（六）条规定的应当开展环境影响评价公众参与的建设项目。

二、环境影响评价公众参与的要求

（一）公众意见调查的主要形式及有关要求

1．问卷调查

问卷调查可分为书面问卷调查和网上问卷调查。书面问卷调查是征求公众意见的最主要形式之一，网上问卷调查用于征求大范围公众意见，可作为书面问卷调查的辅助和补充。问卷调查由建设项目的投资单位（或个人）或环境影响评价单位组织开展。

问卷调查的范围和问卷调查表发放数量，根据环境影响评价导则和项目的具体情况确定，如项目性质、环境影响程度及周围环境敏感目标情况等。参与问卷调查的公众应包括相关的单位和个人，其中参与调查的单位中位于项目环境（含风险事故）影响范围内的单位数量不得少于 70%，参与调查的个人中位于项目环境（含风险事故）影响范围内的个人数量不得少于 70%（项目环境影响范围根据其环境影响评价文件确定）。

2．座谈会

座谈会是沟通信息、交换意见的双向交流过程。参加人为可能受建设项目影响的单位和个人、建设项目的投资单位（或个人）、环境影响评价单位、有关专家及关注建设项目的单位和个人等，其中位于项目环境（含风险事故）影响范围内的单位和个人的代表数量不得少于参加人数的 60%。

座谈会可由建设项目的投资单位（或个人）或环境影响评价单位组织和主持。上述单位在座谈会开始时介绍项目及环评情况，并在会议期间回答代表提出的问题。主持人应在会议开始时宣布会议议题，介绍参会代表。座谈会主办单位应在会后 5 天内完成会议纪要，知会相关单位和个人。

3．论证会

论证会是针对有争议的问题进行讨论或辩论，并力争达成某种程度一致意见的过程。论证会应明确议题。

论证会的参加人主要为相关的专家、关注项目的专业人士和受建设项目影响的单位和个人中具有一定专业知识的代表等，参加人数一般 15 人左右，其中位于项目环境（含风险事故）影响范围内的单位和个人的代表数量不得少于参加人数的三分之一。

论证会可由建设项目的投资单位（或个人）或环境影响评价单位组织和主持。

主持人应在会议开始时宣布会议议题，介绍参会代表。论证会主办单位应在会后5天内完成会议纪要，知会相关单位和个人。

4．听证会

听证会是上述三种公众意见调查方法的补充，主要针对某些特定环境问题公开听取公众的意见并回答公众的质疑，为利益各方提供公开和平等交流的机会。

参加听证会的代表以受建设项目影响的单位和个人的代表为主，可邀请相关的专家或专业人士出席，其中位于项目环境（含风险事故）影响范围内的单位和个人的代表数量不得少于听证参加人数的70%，且每个居民点或单位应至少有一位代表。

听证会可由建设项目的投资单位（或个人）、环境影响评价单位或环境保护行政主管部门组织和主持。听证会主办单位应做好听证会笔录，并在会后5天内完成会议纪要。

5．书面征求意见等其他形式

对可能造成跨市（或县）环境影响的建设项目，建设单位应在项目环境影响评价文件送审前书面征求有关市（或县）政府或环保部门的意见，并在环境影响评价文件中对意见进行回应。

（二）公众调查表的基本格式和问题的设计原则

公众调查表中必须包括项目的有关信息，如项目概况、可能产生的环境影响、拟采取的环保措施、主要环评结论等，以及所调查公众的情况（如姓名、居住地、职业、联系方式等）。

调查表所设问题应简单明了，避免产生歧义或误导。应设置问题调查在采取各项环保措施的情况下公众对项目建设和选址的基本态度（如其反对，应要求其说明理由），以及对项目有何意见和建议。

（三）公众意见调查结果的统计和分析

应对公众意见调查结果进行合理的统计和分析。将公众意见按位于项目环境（含风险事故）影响范围内的公众、有关专家、其他公众等类别进行归类与统计分析，以及按单位和个人分别进行归类与统计分析，并在归类分析的基础上进行综合评述。对公众所提意见应回应采纳或不采纳，并说明理由。

（四）建设单位或者其委托的环境影响评价机构的环评文件公示要求

项目建设单位或者其委托的环境影响评价机构可以采取在受项目影响居民点、学校、医院等环境敏感点张贴布告的形式公布公示信息，也可采取在报纸、网站等公共媒体公布公示信息等其他形式进行公示。采取其他形式的，必须在受项目影响居民点、学校、医院等环境敏感点张贴布告，公告获取公示信息的方式或途径。布告应加盖建设单位或环境影响评价机构的公章。

（五）环境保护行政主管部门公示的要求

环境保护行政主管部门应当在受理建设项目环评文件后，在其政府网站或者采用其他便利公众知悉的方式，公告建设项目名称、建设地点、环评文件受理时间、环评文件简本的链接以及公示期限、公众意见反馈方式。根据以上方式公开征求意见情况，对公众意见较大的建设项目，环保部门可以采取调查公众意见、咨询专家意见、座谈会、论证会、听证会等形式再次公开征求公众意见。决定举行听证会的，适用《环境保护行政许可听证暂行办法》的规定和《环境影响评价公众参与暂行办法》有关听证会的规定。

环境保护行政主管部门在作出审批或者重新审核决定后，应当在其政府网站公告审批或者审核建设项目名称、建设单位、建设地点、建设内容（规模）、审批时间、审批结果、审批文号以及公示期限、公众意见反馈方式。

环境保护行政主管部门受理建设项目环评文件后公示的时间应不少于 10 个工作日，审批或者重新审核后公告的时间应不少于 1 个月。

（六）编制环境影响报告表的项目的公众参与

对属于本条所列情形的电磁辐射、餐饮、加油站、医院或卫生站、机动车清洁或修理、KTV 娱乐、交通、石化分装、垃圾压缩站等项目，编制环境影响报告表的也应开展环境影响评价公众参与：

1．在居民点内建设；

2．可能产生油烟、恶臭、噪声或者其他污染，影响周边居民点居民生活环境质量。

上述建设项目环境影响评价的公众参与一般可以简化，可只进行公众意见调查，调查样本数应不少于 30 份。但群众反映强烈的项目除外。

三、试生产（运行）公众参与的要求

变电站、垃圾焚烧发电厂、垃圾填埋场、城市污水处理厂等公众关注程度较高，或由于恶臭、噪声或其他污染须搬迁居民的建设项目，建设单位在申请试生产（运行）前应进行公众意见调查。调查对象主要为位于项目环境（含风险事故）影响范围内的单位和个人。公众调查表中必须包括项目的有关信息，如项目概况、可能产生的环境影响、已采取的环保措施等，以及所调查公众的情况（如姓名、居住地、职业、联系方式等），调查表应主要调查公众对项目试生产（运行）的意见，以及对项目环保工作有何建议。其中群众反映强烈的项目还应通过座谈会或听证会等形式听取公众意见。

四、竣工环境保护验收公众参与的要求

（一）公众意见调查的主要形式及有关要求

对于编制环境影响报告书的建设项目，在其竣工环境保护验收监测或调查过程中承担监测或调查的单位应征求公众的意见。

公众意见调查一般以发放调查表的形式进行，但群众反映强烈的项目除外。

对可能造成跨市（或县）环境影响的建设项目，竣工环保验收审批机关应邀请相关市（或县）环保部门参加竣工环保验收会。

对属于以下所列情形的建设项目，应在采取召开座谈会、协调会或其他形式解决公众参与存在问题后方可批准竣工环保验收：

1. 验收监测或调查过程中征求公众意见，公众意见较大，环保部门或建设单位认为有必要进一步与公众沟通、协调的；

2. 竣工环保验收审批前公示期间，公众意见较大，环保部门认为有必要进一步与公众沟通、协调的；

3. 环境影响评价文件审批或者重新审核后公告的期限内公众提出合理反对意见的；

4. 试生产（运行）期间由于环保问题引发群众投诉并经查明属实的。

（二）公众调查表的基本格式和问题的设计原则

公众调查表中必须包括项目的有关信息，如项目概况、生产运营情况、已采取的环保措施及运行情况等，以及所调查公众的情况（如姓名、居住地、职业、联系方式等）。

调查表所设问题应简单明了，避免产生歧义或误导。应设置问题调查公众对项目建设和运营过程中建设单位环保工作的满意程度，以及对项目有何意见和建议。

（三）公众意见调查结果的统计和分析

同第二（三）条。

（四）建设单位或者竣工环保验收监测（或调查）单位的公示要求

对公路、铁路、变电站、垃圾焚烧发电厂、垃圾填埋场、城市污水处理厂等公众关注程度较高的建设项目，建设单位或者负责监测（或调查）的单位在竣工环保验收监测或调查过程中应进行公示。可以采取在受项目影响居民点、学校、医院等环境敏感点张贴布告的形式公布公示信息，也可采取在报纸、网站等公共媒体公布公示信息等其他形式进行公示。采取其他形式的，必须在受项目影响居民点、学校、医院等环境敏感点张贴布告，公告获取公示信息的方式或途径。布告应加盖建设单位或监测（或调查）单位的公章。

（五）环境保护行政主管部门公示的要求

按国家环保总局《关于建设项目竣工环境保护验收实行公示的通知》（环办〔2003〕26 号）执行。

（六）分阶段验收的建设项目的公众参与

对于分阶段进行竣工环保验收的建设项目，其每阶段验收的公众意见调查和公示应在整个项目环境（含风险事故）影响范围内进行。

五、本实施意见的有关规定今后在国家、省有关法规、规章中另有规定的，从其规定。

附　则

一、建设单位在报送环评文件时应提供的公众参与材料

建设单位在报送环境影响评价文件时，应当向环境保护行政主管部门提供以下公众参与材料：

（一）向公众发布信息公告的证明材料

1. 受项目影响居民点张贴布告的照片和布告的原件。

2. 在建设项目所在地公共媒体上发布公告的，应根据媒体的种类提供公告复印件、VCD 光盘或公告的网站链接方式等。

3. 公开发放包含有关公告信息的印刷品的，应提供接收印刷品的公众的签名和其居住地或所在单位等相关情况以及印刷品一份。

4. 采用其他便利公众知情的信息公告方式的，应提供相应的查证材料和查证方法。

（二）公众反馈意见的相关材料

1. 采用问卷调查方式征求公众意见的，环境影响评价文件中应附具参与问卷

调查的公众的情况（如姓名、居住地、职业、联系方式等），以及持反对意见公众的调查问卷复印件。

2. 采用咨询专家意见方式征求公众意见的，应提供具有专家签名或咨询单位公章的书面回复意见。

3. 采用座谈会、论证会或听证会等形式征求公众意见的，应提供座谈会会议纪要、论证结论或听证笔录。

4. 可能造成跨市（或县）环境影响的建设项目，应附具有关市（或县）政府或环保部门的书面意见。

5. 应附具对公众反馈意见采纳或不采纳的说明。

（三）刻录有环评文件及其简本电子版的光盘。

（四）对于未批先建项目，其补办环评文件中需有说明项目建成以来群众投诉情况的材料。

二、建设单位在报送竣工环保验收监测或调查报告书时应提供的公众参与材料

建设单位在报送竣工环保验收监测或调查报告书时，应当向环境保护行政主管部门提供以下公众参与材料：

（一）公众反馈意见的相关材料

1. 采用问卷调查方式征求公众意见的，环境影响评价文件中应附具参与问卷调查的公众的情况（如姓名、居住地、职业、联系方式等），以及持反对意见公众的调查问卷复印件。

2. 采用座谈会或协调会等形式征求公众意见的，应提供会议纪要。

3. 应附具对公众反馈意见采纳或不采纳的说明。

（二）对公路、铁路、变电站、垃圾焚烧发电厂、垃圾填埋场、城市污水处理厂等公众关注程度较高的建设项目，应提供向公众发布信息公告的证明材料

1. 受项目影响居民点张贴布告的照片和布告的原件。

2. 在建设项目所在地公共媒体上发布公告的，应根据媒体的种类提供公告复印件、VCD 光盘或公告的网站链接方式等。

3. 公开发放包含有关公告信息的印刷品的，应提供接收印刷品的公众的签名和其居住地或所在单位等相关情况以及印刷品一份。

4. 采用其他便利公众知情的信息公告方式的，应提供相应的查证材料和查证方法。

广东省环境保护厅建设项目环境影响评价公众参与补充管理意见

环评处〔2011〕5号

为进一步落实《环境影响评价公众参与暂行办法》(以下简称《暂行办法》)、《广东省建设项目环保管理公众参与实施意见》(以下简称《实施意见》),并完善我厅窗口受理、技术评估、审批建设项目环境影响评价文件时,对公众参与相关工作管理要求,结合实际,提出如下补充管理意见。

一、适用范围

按规定需向我厅报批环境影响评价文件的建设项目。

二、环境影响评价过程补充要求

(一)建设单位或者其委托的环境影响评价机构在开展环境影响评价工作过程中,应当依据《暂行办法》《实施意见》的规定制定征求公众意见活动工作方案,明确实施单位、工作分工、工作内容、实施计划等,并认真实施,拍照或拍摄记录征求公众意见活动情景。

环境影响报告书公众参与篇章中,应附具征求公众意见活动工作方案,并说明实施过程,详细说明公众参与内容是否符合《暂行办法》《实施意见》中关于公开环境信息、征求公众意见的时间、方式、内容,以及调查表设计、调查结果统计分析等方面的要求。

(二)建设单位报批环境影响报告书时,应提供刻录有以下内容的光盘1张:

1. 征求公众意见活动工作方案及实施过程说明。

2. 向公众发布信息公告的证明材料

(1)受项目影响居民点张贴布告的照片和布告。

(2)在建设项目所在地公共媒体上发布的公告(报纸、视频或网页等)。

(3)公开发放包含有关公告信息的印刷品、接收印刷品的公众签名表(表中应注明公众居住地或所在单位等相关情况)。

（4）其他便利公众知情的信息公告。

注：其中（2）、（3）、（4）项为若开展相关工作方需刻录。

3．公众反馈意见的相关材料

（1）采用问卷调查方式征求公众意见的所有公众调查问卷。

（2）采用咨询专家意见方式征求公众意见的专家签名或咨询单位公章的书面回复意见。

（3）采用座谈会、论证会或听证会等形式征求公众意见的座谈会会议纪要、论证结论或听证笔录。

（4）可能造成跨市环境影响的有关市政府或环保部门的书面意见。

（5）公众反馈意见采纳或不采纳的说明。

注：其中（2）、（3）、（4）项为若开展相关工作方需刻录。

4．环评文件及其简本。

5．未批先建项目建成以来群众投诉情况材料。

6．征求公众意见活动拍照或拍摄记录。

（三）对建设单位或者其委托的环境影响评价机构在征求公众意见活动过程中，未执行《暂行办法》《实施意见》相关要求或弄虚作假的，我厅将按照《建设项目环境影响评价资质管理办法》的相关规定，将相关情况予以通报，或上报环保部。

三、环境影响评价文件评估过程补充要求

省环境技术中心在评估建设项目环境影响报告书过程中，应检查公众参与原始资料（包括征求公众意见活动工作方案、布告、媒体公告、包含公告信息的印刷品、公众调查问卷、咨询专家或单位的书面回复意见、座谈会会议纪要、论证会或听证会等的论证结论或听证笔录等），并对其是否符合《暂行办法》《实施意见》相关要求进行认真审查。应根据项目的敏感性、公众反馈意见等情况，按照一定比例、采取适当方式进行回访，并记录相关信息存档。（具体方案由省环境技术中心制定）

四、环境影响评价文件审批过程补充要求

对电镀、制浆造纸、漂染、鞣革、化工（含石化）、水泥制造、冶金及危险废物处置、垃圾焚烧发电厂等公众关注程度较高，或由于恶臭、噪声或其他污染须

搬迁居民的建设项目，我厅可根据情况，经厅长专题会（环评审查）研究后在省环保公众网进行审批前公示。公示内容为建设项目名称、建设单位、建设地点、主要建设内容（规模）、公示期限、公众意见反馈方式。公示时间不少于 7 日。

五、上述补充管理要求自印发之日起实行。

广东省环境保护厅环境影响评价管理处

二〇一一年一月十九日

广西壮族自治区环境保护厅关于明确环境影响评价公众参与调查工作有关要求的通知

桂环技函〔2011〕129号

各环评机构：

为规范建设项目环评文件公众参与有关内容的编制，根据有关法律法规要求和审批的需要，现就向我中心申请技术评估的建设项目环评文件公众参与有关要求通知如下：

一、公参程序需严格按照公众参与暂行办法程序要求进行。

二、公众参与调查表上必须明确调查日期、访问人。

三、应附调查对象信息一览表（包括姓名、性别、住址、联系方式）。

未按上述要求开展调查工作并提交有关调查材料的，我中心不予受理评估申请。

广西壮族自治区环境保护厅

二〇一一年六月十三日

广西壮族自治区环境保护厅关于进一步规范和加强建设项目环境影响评价公众参与工作的通知

桂环发〔2014〕26号

各市县环境保护局，各有关单位：

环境影响评价公众参与对保障公众环境权益、保障项目建设与正常生产运营均具有重要作用。为严格公众参与工作规程，强化公众参与工作监管，根据《中华人民共和国环境保护法（2014年修订）》、环境保护部《环境影响评价公众参与暂行办法》和《建设项目环境影响评价政府信息公开指南（试行）》等相关规定，现就进一步规范和加强我区建设项目（核与辐射项目以及国家规定需要保密的情形除外）环境影响评价公众参与工作通知如下：

一、开展公众参与的项目类别

（一）对环境可能造成重大影响、应当编制环境影响报告书的建设项目。

（二）环境影响报告书经批准后，项目的性质、规模、地点、采用的生产工艺或者防治污染、防止生态破坏的措施发生重大变动，建设单位应当重新报批环境影响报告书的建设项目。

（三）环境影响报告书自批准之日起超过五年方决定开工建设，其环境影响报告书应当报原审批机关重新审核的建设项目。

（四）容易产生异味、噪声影响，选址在环境敏感区域、公众关注度高，且具有审批权的环境保护行政主管部门认为应该开展公众参与调查的属于编制环境影响报告表的建设项目（如垃圾转运设施、集中式污水处理厂站、城市污水泵站、噪声敏感娱乐项目等）。

二、公众参与阶段

（一）项目筹备阶段。建设单位与承担环境影响评价工作的环境影响评价机构

（以下简称环评机构）签订合同后 7 个工作日内，公告项目信息，委托该环评机构进行后续公众参与工作。

（二）环境影响报告书或环境影响报告表（以下称环评文件）编制阶段。承担项目环评文件编制任务的环评机构，应当在报送环境保护行政主管部门审批或者重新审核前（需要进行技术审查的环评文件应在提交技术评估机构审查前），按照环境影响评价技术导则和相关文件规定，向公众公告项目环境影响评价工作信息，编制公众参与篇章。

（三）环评文件技术审查阶段。环境影响评价技术评估机构在环评文件技术审查中，要将公众参与内容作为审查重点，对公众参与的程序合法性、形式有效性、对象代表性、结果真实性等进行全面审查。

（四）环评文件审批阶段。环境保护行政主管部门，在受理建设项目环评文件后，公告项目环评文件受理信息；公告拟审批信息；正式做出审批决定后，公告审批结果。

三、公众参与方式

（一）公示公告

1. 建设单位或承担环评文件编制任务的环评机构应当选择在相关基层组织信息公告栏、当地主流媒体、当地政府网站或环保行政主管部门门户网站等一种或几种方式向公众发布环境影响信息，并同时在具有审批权的环境保护行政主管部门门户网站向公众发布项目环境影响信息，听取公众意见。

2. 对公众关注度高、污染物种类多、排放量大、涉及重金属及其他有毒污染物排放、存在重大环境风险隐患或重大生态影响等项目应在当地县级以上电视台或当地主流报纸进行公示，听取公众意见。

3. 环评机构应在项目环评文件报批前（需要进行技术审查的环评文件应在提交技术评估机构审查前），向公众发布项目环评文件，听取公众意见，公告期 10 个工作日。

4. 建设单位在向环境保护行政主管部门报批项目环评文件前，应依法主动公开符合国家和自治区规定的项目环评文件（全本），听取公众意见。

5. 环境保护行政主管部门在受理项目环评文件 3 个工作日内，公布受理信息，并附符合国家和自治区规定的项目环评文件（全本），公告期限为环境影响报告书 10 个工作日、报告表 5 个工作日；作出审批决定前公示拟审批的信息，公告期 5 个工作日；作出审批决定后，20 个工作日内公告审批结果，公告期 7 日，听取公众意见。

（二）座谈会和论证会

按《环境影响评价公众参与暂行办法》执行，听取公众意见。

（三）听证会

按《环境影响评价公众参与暂行办法》执行，听取公众意见。

四、公众参与工作要求

（一）严格执行工作规程

1. 环评机构须严格按照《环境影响评价公众参与暂行办法》和本通知要求开展公众参与调查，不得委托第三方开展公众参与调查。

2. 环评机构应在上述特定场所或网站公布便于公众理解的项目环评文件，并采取调查公众意见、咨询专家意见、座谈会、论证会、听证会等一种或几种形式，公开征求公众意见；确保在征求公众意见期间公告信息处于公开状态。

3. 环评机构要发挥专业技术力量优势，强化与建设单位、地方政府及环保等部门工作协同，确保公众参与真实、可靠。

（二）加强重点项目公众参与

对有色金属采选冶、化工、石化、酒精、水泥、印染、制浆、皮革原皮加工、引水式发电、水资源配置调整、垃圾处理、危险废物处理处置、机场以及问卷调查反对意见比例超过 20%、涉及环保拆迁工作等项目，除开展问卷调查外，还应采取召开座谈会或论证会或听证会等充分听取公众意见。会议应形成会议记录、论证结论或听证笔录，并经与会代表签字。

（三）合理确定调查范围及对象

1. 公众参与问卷调查范围应与项目评价范围一致并覆盖包括环境风险评价范围在内所有敏感目标。环评文件中的调查样本分布一览表应明确被调查者可能受影响的环境因素。

2. 重点对受不利影响的评价范围内的公民、法人或者其他组织的代表进行调查，受不利影响的调查对象有效问卷数原则上不低于有效问卷总数的 70%；项目评价范围内的饮用水供水、学校、医院等敏感目标，以及可能受影响的自然保护区、风景名胜区等需要特别关注的敏感目标的管理机构应 100%进行调查。

3. 对于项目卫生和环境保护防护距离内需要搬迁的住户、法人或其他组织，原则上应逐户进行调查。

4. 可能造成跨设区市环境影响的项目，应取得有关市政府或环境保护行政主管部门关于环境影响评价文件及项目建设的书面意见。

5. 编制环境影响报告表的项目，公众参与调查可适当简化。

（四）合理设计调查问卷

1. 分别设计个人、组织（团体）调查问卷；所提问题做到简单、通俗、明确、易懂；须征求受访者对项目是否支持建设的意见。不能淡化、回避项目对环境不利影响的关键问题；不得采取不符合实际的夸大描述对公众进行诱导。

2. 调查问卷应载明受访者的姓名、性别、年龄、职业、文化程度、居住地与项目的方位关系、联系电话，确无联系电话的，可在调查表上加盖村民委员会等基层组织公章。

五、公众参与工作管理

（一）重视公众意见处理和反馈

环评文件公众参与篇章要阐明公众参与调查的基本信息、住址、受影响因素、影响程度及公众对项目建设的态度等；对公众意见进行归纳分析；对公众意见采纳或者不采纳进行说明。对持反对意见的公众应进行回访，向提出意见的公众反馈意见处理情况。

（二）严格公众参与工作审查

1. 环境影响评价技术评估机构在环评文件技术审查中，应对公众参与工作程序及相关原始资料（包括布告，媒体公告，环评文件简本，公众调查问卷，回访记录表，座谈会、论证会、听证会参会人员签到表及会议记录、论证结论或听证笔录等）进行认真审查。对公众参与原始资料缺失、程序等不符合要求的环评文件不予通过技术审查，并要求建设单位和环评机构补充公众参与相关工作直至符合要求。

2. 根据项目环境敏感程度、公众反馈意见以及技术审查发现的公众参与其他问题，环境影响评价技术评估机构可进行公众参与回访，相关记录信息及结论作为环评审批依据。地方环境保护行政主管部门、建设单位及相关环评机构应积极协助做好公众参与回访工作。

（三）严格行政许可信息公开

建设单位在向环境保护行政主管部门提交建设项目环境影响报告书、表前，应依法主动公开建设项目环境影响报告书、表全本信息。各级环境保护行政主管部门要按照《建设项目环境影响评价政府信息公开指南（试行）》要求，及时公开审批信息。

（四）加强技术审查和行政审批公开

环境影响评价技术评估机构和环境保护行政主管部门要不定期开展建设项目环评文件技术评估审查和行政审批公开活动。

（五）严肃责任追究

1. 环评机构对环评文件公众参与的结论负责。对弄虚作假、未按要求对公众参与相关信息核实，致使公众参与结论失实，造成不良后果，环境保护行政主管部门将有关情况记入环评机构日常考核结果，同时在门户网站给予通报，并视情况责令限期整改，向环境保护部报告，提出降低相关环评机构资质等级或者吊销其资质证书、暂停相关环境影响评价工程师业务或注销登记的建议。

2. 对环评文件公众参与内容审查把关不严的环境影响评价技术评估机构要及时整改，对涉及违规的技术评估机构、评估专家要进行责任追究。

3. 对违反公众参与程序作出的环评审批决定，上级环境保护行政主管部门应依法予以撤销，并由有关部门追究相关行政人员责任。

广西壮族自治区环境保护厅

2014 年 5 月 16 日

西藏自治区环境保护厅关于加强建设项目环境影响评价工作中公众参与活动的通知

藏环发〔2012〕303号

各地（市）环境保护局，相关环境影响评价机构：

为进一步规范和加强我区建设项目环境影响评价工作中的公众参与，提高公众参与质量，经我厅研究，对区内建设项目环境影响评价工作中公众参与活动的相关事项通知如下：

一、建设项目环境影响评价工作中的公众参与活动，具体参照《环境影响评价公众参与暂行办法》执行；公众参与环境影响评价的技术性规范，按照《环境影响评价技术导则—公众参与》要求完成。

二、由于我区生态环境脆弱且备受关注，水电、旅游资源开发及矿产资源勘探开发等建设项目的环境影响评价文件中，必须编制公众参与篇章，公开有关环境影响评价的信息，征求公众意见，同时，须征求当地县人民政府、乡人民政府和村委会的意见，征求意见以书面意见取得，国家规定需要保密的情形除外。

三、建设单位或者其委托的环境影响评价机构应在公众参与活动中做好以下工作：

（一）建设单位或者其委托的环境影响评价机构应当在发布信息公告、公开环境影响评价文件的简本后，对所有可能受建设项目影响的环境敏感保护目标及有关单位或者其他组织进行公众意见调查，并综合考虑地域、职业、专业知识背景、表达能力、受影响程度等因素，采取便于公众知悉的方式，采用便于公众理解的文字或语言，如实地向公众介绍建设项目及其环境保护相关情况，以确保公众参与活动的有效性。

（二）公众意见表上必须如实填写参与调查者的姓名、身份证号码、联系方式、单位或住址等相关信息[具体可参考附件：公众参与调查表（样表）]。

（三）建设单位或者其委托的环境影响评价机构应当将所回收的反馈意见的原始资料存档备查。

四、各级环保行政主管部门在项目环境影响评价文件的受理和审批中，要将公众参与情况作为审查重点，对公众参与的程序合法性、形式有效性、对象代表性、结果真实性等进行全面深入的审查；对其中公众提出的反对意见要高度关注，着重了解建设单位对公众所持反对意见的处理和落实情况。

五、对存在公众参与范围过小、代表性差、原始材料缺失、程序不符合要求、甚至弄虚作假等问题的项目环境影响评价文件，一律不予受理和审批；对已批复的环境影响评价文件，环保部门可依法变更或者撤回。在建设项目环境影响评价工作公众参与活动中不负责任或者弄虚作假，致使环境影响评价文件失实的，对项目建设单位给予通报，并建议相关部门对项目主要负责人给予行政处分；对项目环境影响评价文件编制单位给予通报，并将有关情况上报环保部，建议降低其资质等级或者吊销其资质证书。

特此通知。

西藏自治区环境保护厅

2012 年 12 月 7 日

<table>
<tr><td rowspan="2">工程概况</td><td colspan="12">名称：</td></tr>
<tr><td colspan="12">建设内容：</td></tr>
<tr><td rowspan="3">基本情况</td><td>姓名</td><td></td><td>性别</td><td></td><td>年龄</td><td></td><td>民族</td><td></td><td>文化程度</td><td colspan="3"></td></tr>
<tr><td colspan="2">单位或住址</td><td colspan="3"></td><td>职务</td><td colspan="2"></td><td>职业</td><td colspan="3"></td></tr>
<tr><td colspan="2">联系方式
（手机或固定电话）</td><td colspan="3"></td><td>身份证号</td><td colspan="6"></td></tr>
<tr><td rowspan="10">调查内容</td><td colspan="4">1、您认为周围的环境质量总体状况如何？</td><td colspan="2">良好（）</td><td colspan="2">一般（）</td><td colspan="2">较差（）</td><td colspan="2">非常差（）</td></tr>
<tr><td colspan="4">2、您是否了解该项目及可能产生的主要环境问题？</td><td colspan="3">了解（）</td><td colspan="3">基本了解（）</td><td colspan="2">不了解（）</td></tr>
<tr><td colspan="4">3、您比较关心施工期的哪些环境影响因素？</td><td>噪声（）</td><td colspan="2">环境空气污染（）</td><td colspan="2">水污染（）</td><td colspan="2">固废（）</td><td>生态影响（）</td></tr>
<tr><td colspan="4">4、您比较关心运营期的哪些环境影响因素？</td><td>噪声（）</td><td colspan="2">环境空气污染（）</td><td colspan="2">水污染（）</td><td colspan="2">固废（）</td><td>生态影响（）</td></tr>
<tr><td colspan="4">5、本项目对您个人生活及工作的影响？</td><td colspan="3">有利影响（）</td><td colspan="3">不利影响（）</td><td colspan="2">无影响（）</td></tr>
<tr><td colspan="4" rowspan="2">6、您是否支持本项目建设？请说明理由。</td><td>态度</td><td colspan="2">支持（）</td><td colspan="3">不支持（）</td><td colspan="2">无所谓（）</td></tr>
<tr><td>理由</td><td colspan="7"></td></tr>
<tr><td colspan="4">7、本项目是否影响当地民俗？</td><td colspan="4">是（）</td><td colspan="4">否（）</td></tr>
<tr><td colspan="4">8、请谈谈您对本项目环境保护方面的建议和要求。</td><td colspan="8"></td></tr>
<tr><td colspan="4">……</td><td colspan="8"></td></tr>
<tr><td colspan="13">其他意见和建议（可以写在调查表的背面，或者另外附纸书写）：</td></tr>
</table>

关于印发《陕西省环境保护公众参与办法（试行）》的通知

陕环发〔2016〕4 号

各设区市环保局，杨凌示范区环保局、西咸新区建设环保局、韩城市环保局，神木县环保局、府谷县环保局，厅机关各处室、直属各单位：

《陕西省环境保护公众参与办法（试行）》已经 2015 年 12 月 29 日厅党组（扩大）会议审议通过，现印发你们，请遵照执行。

陕西省环境保护厅

2016 年 1 月 14 日

陕西省环境保护公众参与办法（试行）

第一条 为保障公民、法人和其他组织获取环境信息、参与和监督环境保护的权利，推进生态文明建设，促进环境保护公众参与依法有序发展，根据《环境保护法》和《环境保护公众参与办法》（环境保护部令第 35 号）等有关法律法规与规章，结合我省实际，制定本办法。

第二条 本办法所称公众，是指具有完全行为能力的自然人、法人和其他组织。

第三条 本办法由县级以上人民政府环境保护主管部门负责组织实施。

第四条 环境保护公众参与应当遵循公开、平等、广泛、自愿、有序、便利的原则。

第五条 环境保护公众参与范围：

（一）环境立法、可能造成环境影响的政策和规划的制定；

（二）规划和建设项目环境影响评价；

（三）各类环境污染防治及生态治理工作；

（四）环境保护宣传教育、志愿服务及相关公益活动；

（五）对环境保护工作提出意见和建议，对环境违法行为进行监督、投诉和举报；

（六）对涉及环境保护工作的有关国家机关及其工作人员玩忽职守、滥用职权、徇私舞弊等不依法履行职责的行为进行检举和控告；

（七）对污染环境、破坏生态，损害社会公共利益的行为提起公益诉讼；

（八）法律、法规和规章规定的其他事项。

第六条 环境保护公众参与的方式：

（一）征求意见；

（二）问卷调查；

（三）座谈会；

（四）专家论证会；

（五）听证会；

（六）环境公益诉讼；

（七）法律、法规和规章规定的其他方式；

公民、法人和其他组织可以通过电话、信函、传真、网络等途径向有关环境保护主管部门提出意见和建议。

第七条 环境保护主管部门在制定可能造成环境影响的政策或规划过程中，应当采取征求意见、召开专家论证会、公众代表座谈会或听证会等方式广泛、充分征求公众的意见。国家规定需要保密的规划除外。

征求公众意见的时间不得少于十五个工作日。

第八条 省、设区的市人民政府环境保护主管部门受权起草地方性环境保护法规和规章的过程中，应当根据要求，采取在当地门户网站和主要媒体上公布草案，召开专家论证会、公众代表听证会等方式，征求公众意见。

第九条 公开征求意见的，公众可以根据公布的时限、程序、方式等要求，提出意见和建议，环境保护主管部门对公众提出的合理意见应予以采纳，对于未采纳的相对集中的意见和建议，可以通过官方网站说明不予采纳的理由。

第十条 鼓励建立环境决策民意调查制度，把民意支持度作为环境决策的重要参考，提高环境决策民主化和科学化水平。

第十一条 环境保护主管部门支持和鼓励公民、法人和其他组织对环境保护公共事务进行舆论监督和社会监督。

第十二条 环境保护主管部门应当建立环境保护督察员制度。根据行业、专业代表性，聘请环保志愿者、环保社会组织代表担任环境保护监督员，定期对环境保护监督员进行培训，制定环境保护监督员工作方案。

环境保护监督员应当按照环境保护监督员工作方案的要求，监督当地企事业单位的环境保护行为和负有环境保护监督管理职责的部门及其工作人员的履责情况，并及时收集公众对保护和改善当地环境的意见和建议。

第十三条 公民、法人和其他组织发现任何单位和个人有污染环境和破坏生态行为的，可以通过登门、信函、传真、电子邮件、“12369”环保举报热线、官方网站、微信、微博等途径，向有关环境保护主管部门举报。

第十四条 公民、法人和其他组织发现环境保护主管部门不依法履行职责的，有权向其上级机关或者检察机关举报。

第十五条 对举报的事项，受理举报的机构应当登记，对属于本部门职责范围内的举报事项，予以受理，依法调查处理，并在规定期限内将调查情况和处理结果以书面形式告知举报人；对不属于本部门职责范围内的举报事项，或举报事项应当通过行政复议和诉讼等途径解决的，不予受理，但应当及时告知举报人。

第十六条 环境保护主管部门应制定和采取有效措施保护举报人，对举报人的姓名、工作单位、家庭住址等有关信息及举报的内容必须严格保密，保护举报人的合法权益。

第十七条 公众对破坏生态、污染环境的单位和个人举报情况属实的，按照《陕西省环境违法行为有奖举报实施办法（试行）》对举报人予以奖励。

第十八条 环境保护主管部门应加大绿色文明示范工程创建活动的组织、宣传和引导，积极培养社会公众的绿色文明意识。

第十九条 环境保护主管部门应定期举行环保开放日活动和环保主题活动，让公众切身感受环境状况，了解污染治理过程、方法，积极参与环境保护。

第二十条 环境保护主管部门应协助健全环境公益诉讼机制，明确公众参与的范围、内容、方式、渠道和程序，规范和指导公众有序参与环境保护。

第二十一条 环境保护主管部门可以通过提供法律咨询、提交书面意见、协助调查取证等方式，支持符合法定条件的环保社会组织依法提起环境公益诉讼。

第二十二条 公众向人民法院提起环境污染损害赔偿民事诉讼时，环境保护主管部门应当对环境污染损害取证给予支持。

第二十三条 环境保护主管部门应当建立健全环境保护公众参与的管理制度

和工作程序，明确机构或者人员具体负责环境保护公众参与的管理工作，并定期对工作情况进行考核评价。

加强政府各部门间的合作联动，及时协调解决公众参与方面的矛盾和问题，确保环境保护公众参与工作健康发展。

第二十四条　环境保护主管部门可以对在环境保护公众参与中做出突出贡献的单位和个人依法给予奖励。

第二十五条　环境保护主管部门应结合各地具体情况出台民间环保组织发展指导意见。鼓励民间环保组织的环保志愿活动，充分发挥民间环保组织的作用。

第二十六条　环境保护主管部门建立环境保护培训工作常态化机制，根据各地的实际和生态文明建设的需要，明确环境保护培训的目标、对象、内容、方式等。

第二十七条　法律、法规和规章对环境保护公众参与另有规定的，从其规定。

第二十八条　本办法自印发之日起施行。

宁夏回族自治区环保局关于印发《宁夏回族自治区建设项目环境影响评价公众参与办法（试行）》的通知

宁环发〔2007〕197号

各市、县环保局，局机关各处室，直属事业单位，各环评、评估单位：

为加强建设项目环境保护管理，推进和规范环境影响评价活动中的公众参与，贯彻落实国家环保总局《环境影响评价公众参与暂行办法》，结合我区实际，自治区环保局制定了《宁夏回族自治区建设项目环境影响评价公众参与办法（试行）》。现将《宁夏回族自治区建设项目环境影响评价公众参与办法（试行）》印发给你们，请遵照执行。

宁夏回族自治区环境保护局

2007年11月26日

附件：

宁夏回族自治区建设项目环境影响评价公众参与办法（试行）

一、为加强建设项目环境保护管理，推进和规范环境影响评价活动中的公众参与，贯彻落实国家环保总局《环境影响评价公众参与暂行办法》，结合自治区实际情况，制定本《办法》。

二、本《办法》适用于：

（一）编制环境影响报告书的建设项目；

（二）环境影响报告书经批准后，项目的性质、规模、地点、采用的生产工艺或者防治污染、防止生态破坏的措施发生重大变动，建设单位应当重新报批环境影响报告书的建设项目；

（三）环境影响报告书自批准之日起超过五年方决定开工建设，其环境影响报告书应当报原审批机关重新审核的建设项目。

三、建设单位或者其委托的环境影响评价机构在编制环境影响报告书的过程中，应当依照本《办法》的规定，公开有关环境影响评价信息，征求公众意见。

四、在《建设项目环境保护分类管理名录》中规定的环境敏感区建设的需要编制环境影响报告书的项目，建设单位应当在确定了承担环境影响评价工作的环境影响评价机构后7日内，向公众公告下列信息：

（一）建设项目的名称及概要；

（二）建设项目的建设单位的名称和联系方式；

（三）承担评价工作的环境影响评价机构的名称和联系方式；

（四）环境影响评价的工作程序和主要工作内容；

（五）征求公众意见的主要事项；

（六）公众提出意见的主要方式。

五、建设单位或者其委托的环境影响评价机构在编制环境影响报告书的过程中，应当在报送环境保护行政主管部门审批或者重新审核前，向公众公告如下内容：

（一）建设项目情况简述；

（二）建设项目对环境可能造成影响的概述；

（三）预防或者减轻不良环境影响的对策和措施的要点；

（四）环境影响报告书提出的环境影响评价结论的要点；

（五）公众查阅环境影响报告书简本的方式和期限，以及公众认为必要时向建设单位或者其委托的环境影响评价机构索取补充信息的方式和期限；

（六）征求公众意见的范围和主要事项；

（七）征求公众意见的具体形式；

（八）公众提出意见的起止时间。

六、建设单位或其委托的环境影响评价机构应当采取以下方式发布信息公告，征求公众意见：

（一）在《建设项目环境分类管理名录》中规定的环境敏感区建设的项目；跨行政区域项目；涉及国家及自治区宏观调控的对环境可能造成较大影响的项目；

涉及国家级、自治区级自然保护区项目；污染严重的招商引资项目；应当在宁夏日报或自治区环保局网站上发布信息征求意见，同时在项目所在地市级电视台或媒体上发布信息征求意见，并在项目建设区域发放包含有关信息的公众参与调查表；

（二）其他建设项目可在项目所在地电视台或媒体上发布信息征求意见，同时发放包含有关信息的公众参与调查表。

七、建设单位或者其委托的环境影响评价机构应当对公众提出的意见进行分类处理，对重要意见应采取调查公众意见、咨询专家意见、召开座谈会、论证会、听证会等进一步征求公众意见，并采取适当方式向提出意见的公众反馈意见处理情况。

八、建设单位或者其委托的环境影响评价机构应当将所回收的反馈意见的原始资料存档备查。

九、建设单位或者委托的环境影响评价机构对公众意见采纳或者不采纳应在报告书中作出具体说明。

十、各级环保部门对公众提出的重大意见可组织专家进行审议，判断其合理性并提出处理建议。

十一、各级环保部门在作出审批决定时应当认真考虑专家的处理建议，必要时对公众意见进行核实。

十二、环境影响评价机构应在环境影响报告书中附在规定媒体上发布的公众参与信息复印件和附公众参与调查表复印件。

十三、本《办法》中未做规定的应当执行国家环保总局《环境影响评价公众参与暂行办法》的有关规定。

十四、本《办法》自印发之日起实施。

新疆维吾尔自治区环境保护厅关于严格执行建设项目环评管理相关规定和加强公众参与工作的通知

新环评价发〔2012〕500 号

伊犁哈萨克自治州环保局，各地、州、市环保局，自治区环境工程评估中心，各相关环评机构：

为贯彻落实环境保护部《关于切实加强风险防范严格环境影响评价管理的通知》（环发〔2012〕98 号）精神、《建设项目环境影响报告书简本编制要求》（公告 2012 年第 51 号）和《环境影响评价公众参与暂行办法》（环发〔2006〕28 号）的有关规定，进一步加强环境影响评价管理，加大环境影响评价公众参与和政务信息公开力度，更好地保障公众对环境保护的参与权、知情权和监督权，现就有关事项通知如下：

一、进一步加强环境影响评价管理，强化各级环保部门的环境监管，切实有效防范环境风险

（一）环评单位要加强环境风险评价工作，并对环境影响评价结论负责。各级环保部门要严格建设项目环境影响评价审批的监管，在环境影响评价文件审批中对环境风险防范提出明确要求。

（二）充分发挥规划环境影响评价的指导作用，源头防范环境风险。煤化工、石油化工和其他重化工建设项目原则上应进入依法合规设立、环保设施齐全的产业园区，并符合园区发展规划与规划环境影响评价要求。

（三）环境风险评价结论应作为相关建设项目环境影响评价文件结论的主要内容之一。无环境风险评价专章的相关建设项目环境影响评价文件不予受理；经论证，环境风险评价内容不完善的相关建设项目环境影响评价文件不予审批。

（四）环保部门在相关建设项目环境影响评价审批中，对存在较大环境风险隐患的，应提出环境影响后评价的要求。相关建设项目的环境影响评价文件经批准后，环境风险防范设施发生重大变动的，建设单位应按《环境影响评价法》要求

重新办理报批手续。

二、加强建设项目“三同时”验收监管，严格落实环境风险防范和应急措施

（一）对存在较大环境风险隐患的相关建设项目，各级环保部门应要求建设单位开展环境监理工作，重点关注项目施工过程中各项防治污染、防止生态破坏以及防范环境风险设施的建设情况，未按要求落实的应及时纠正、补救。环境监理报告应作为试生产审查和环保验收的依据之一。

（二）相关建设项目申请试生产时，建设单位应将项目设计阶段环保措施落实情况的自查报告、环境监理报告和企业突发环境事件应急预案的备案材料一并提交。

（三）各级环保部门应强化建设项目试生产和竣工环境保护验收管理，按照环境影响评价文件及批复要求，分别对各项环境风险防范设施和应急措施落实情况进行全面现场检查和重点核查。对不符合要求的建设项目，应提出限期整改要求；对逾期未完成整改要求的，应依法予以查处。

（四）对存在环境风险的建设项目竣工环境保护验收监测或调查时，应对环境风险防范设施和应急措施的落实情况进行全面调查。相关建设项目验收监测或调查报告，应设环境风险防范设施和应急措施落实情况专章；无相关内容的，各级环保部门不得受理其验收申请。

三、充分认识建设项目环境影响评价公众参与重要性，增强责任感，切实推进公众参与和政务公开

（一）各级环保部门要督促建设单位严格按照《环境影响评价公众参与暂行办法》（环发〔2006〕28 号）等文件规定，做好相关工作。对编制环境影响报告书的项目，建设单位在开展环境影响评价的过程中，应当在当地报纸、网站和相关基层组织信息公告栏中，向公众公告项目的环境影响信息。

（二）环保部门在项目环境影响的受理和审批中，要将公众参与情况作为审查重点之一，对存在工作参与范围过小、代表性差、原始材料缺失、程序不符合要求甚至弄虚作假等问题的项目环境影响报告书，一律不予受理和审批。

（三）建设项目环境影响报告书（涉密或不适合公开的建设项目除外）在受理后、审批前、审批后均应严格按照《环境影响评价公众参与暂行办法》（环发〔2006〕28 号）等相关规定做好环境影响评价公众参与和政务公开工作。建设项目环评文件受理后公告期限不得少于 10 个工作日，建设项目环评文件作出批复决定之前公示期限不得少于 7 个工作日，建设项目环评文件进行批复后公告时间不得少

于30日。

（四）自2012年9月1日起，建设单位向各级环保部门报送环境影响报告书，应同时提交报告书简本［编制要求见《关于发布〈建设项目环境影响报告书简本编制要求〉的公告》（公告2012年第51号）］；各级环保部门在本部门网站上公示项目受理情况，应同时公布报告书简本，并附审批部门联系人及联系方式。其中建设单位在我厅办理建设项目环境影响报告书（表）审批时，须按照《新疆维吾尔自治区环保厅规划与建设项目环境影响评价管理办法》（新环评价发〔2012〕499号）中相关规定提交文件。

二〇一二年九月四日

关于发布《新疆维吾尔自治区建设项目环境影响评价公众参与管理规定（试行）》的通知

新环评价发〔2013〕488号

伊犁哈萨克自治州环保局，各地（州、市）环保局，各有关环评机构：

《新疆维吾尔自治区建设项目环境影响评价公众参与管理规定（试行）》，已经厅务会研究通过，现予以发布，望遵照执行。

附件：《新疆维吾尔自治区建设项目环境影响评价公众参与管理规定（试行）》

新疆维吾尔自治区环境保护厅

2013年10月23日

新疆维吾尔自治区建设项目环境影响评价公众参与管理规定（试行）

一、总则

为进一步加强我区建设项目环境影响评价公众参与工作，提高环境影响评价的科学性和针对性，强化建设项目环保措施和要求的合理性和有效性，推进环评管理民主决策，切实维护公众的合法环境权益和社会稳定，根据国家和自治区现行环境保护法律法规和要求，现制定《新疆维吾尔自治区建设项目环境影响评价公众参与管理规定（试行）》。

建设单位或者其委托的环评机构是建设项目环境影响评价阶段公众参与的实施主体，受委托的环评机构不得再委托任何第三方负责环评的公众参与工作。

对环境可能造成重大影响、应当编制环境影响报告书的建设项目，以及应当编制环境影响报告表，但涉及环境敏感区或存在重大环境风险隐患的建设项目，均应当开展公众参与工作，适用本规定。

环境保护行政主管部门在审批或者重新审核建设项目环境影响报告书过程中征求公众意见的活动，适用本规定。

二、编制依据

《中华人民共和国环境影响评价法》

《环境信息公开办法（试行）》

《关于切实加强风险防范严格环境影响评价管理的通知》（环发〔2012〕98 号）

《环境影响评价公众参与暂行办法》（环发〔2006〕28 号）

《环境影响评价技术导则—公众参与（征求意见稿）》

《建设项目环境影响评价资质管理办法》（国家环境保护总局令第 26 号）

三、公众参与程序和工作方案

公众参与程序主要包括以下五个阶段：一是在建设单位确定承担环境影响评价工作的环境影响评价机构后 7 日内以信息公告的形式进行第一次信息公开。二是在环评报告编制过程中，收集公众主动提出的意见。三是在环评报告报送环境保护行政主管部门审批或者重新审核前以信息公告的形式进行第二次信息公开，同时公布环评报告简本。四是在以上工作的基础上开展公众意见调查、公众意见汇总分析，并进行信息反馈。五是环境保护行政主管部门在环评报告受理、审批前和审批后对建设项目有关信息进行公示。

建设单位或者其委托的环评机构在开展环境响评价公众参与时，应制定《公众参与工作方案》并在实施中严格落实。《公众参与工作方案》应明确公众参与过程的相关细节，具体包括：1、公众参与目的；2、执行公众参与人员、资金和其他辅助条件的安排；3、工作时间表；4、公众的地域和数量分布情况；5、公众代表选取方式、代表数量或代表名单；6、信息公开方式；7、公众意见调查方式；8、信息反馈的安排等。

四、公众参与信息公开

建设单位或者其委托的环评机构应当按照规定，在开展环境影响评价的过程中，在当地媒体、网站和相关基层组织信息公告栏中，向公众公告项目的环境影响信息。对于重大环境敏感项目，应在地方主流媒体公示相关信息。公示信息必须包含建设项目的评价范围及受影响的公众范围，并给出图示。属于自治区环境保护厅审批环评的建设项目，建设单位或者其委托的环评机构应在自治区环境保护厅网站进行相关信息公示；属于地方环境保护行政主管部门审批环评的建设项目，建设单位或者其委托的环评机构应在当地环保公众网进行公示。

第一次信息公开的公告信息内容包括：1、建设项目的名称及概要；2、建设项目的建设单位的名称和联系方式；3、环境影响评价机构的名称和联系方式；4、环境影响评价的工作程序和主要工作内容；5、环评审批程序；6、公众参与程序和方案以及各阶段工作初步安排。

第二次信息公开的公告信息内容包括：1、建设项目情况简述；2、建设项目对环境可能造成影响的概述；3、环境保护的对策和措施的要点；4、环评报告提出的环境影响评价结论的要点；5、公众查阅环评报告简本的方式和期限，以及公众认为必要时向建设单位或者其委托的环境影响评价机构索取补充信息的方式和期限；6、《公众参与工作方案》；7、征求公众意见的范围和主要事项；8、征求公众意见的具体形式；9、公众提出意见的起止时间。

公告信息不能回避主要环境敏感问题和不良环境影响。第二次公告期间，应对第一次公告时公众所关注的问题和有关意见建议进行反馈，作出解释和说明。

负责项目环评审批的环境保护主管部门应按照有关要求，公开建设项目环境影响报告受理的有关信息，且确保其公开的有关信息在整个审批期限之内均处于公开状态。在对项目环评作出审批意见前及获得审批后，环境保护行政主管部门应在其网站及时向社会公示项目环评审批意见和审批结果。

五、公众意见调查

（一）调查方法

公众参与调查方法主要有问卷调查（包括书面问卷调查和网上问卷调查）、座谈会、听证会、论证会等，短信、电话调查等可以作为辅助方式，所有调查结果应保留好完整原始记录和影音等书面证明材料。

（二）调查范围

公众参与调查的空间范围不得小于环境影响评价范围（按各环境要素最大影响范围考虑），并涵盖项目的敏感保护目标。被征求意见的对象必须包括可能受到建设项目直接影响的单位代表和公众，还应包括项目所在地和受影响地区的基层组织代表、人大代表、政协委员和有关专家等。书面问卷调查表发放，应根据各敏感目标分布情况，合理确定书面问卷调查表的发放数量，不得少于100份，确保其具有代表性。回收的有效书面问卷调查表数量应大于发放总量的90%。

对于可能存在重大环境风险或影响的建设项目，主要包括化工石化、冶金、水泥、火电、制革、造纸、棉浆粕等类型的建设项目，以及涉及自然保护区、风景名胜区、人群聚居区等特殊敏感目标的建设项目，书面问卷调查表的发放数量应不少于500份。对于可能存在较大环境风险或影响的建设项目，包括其他“两高一资”项目、固废处置、污水处理等类型的建设项目，书面问卷调查表的发放数量应不少于300份。对于地处偏远、人烟稀少区域、可能受到直接影响的公众数量不超过100个的建设项目，应向全部受直接影响的公众发放问卷调查表。

对于搬迁范围、卫生防护距离范围、环境防护距离范围内涉及的所有住户或单位在条件允许的情况下应逐个进行调查。对于可能受到直接影响的单位代表，原则上应全部进行调查。对于项目环境影响范围内居住的各级人大代表和政协委员应全部进行调查访问，进行调查的人大代表和政协委员应不少于5人，环境保护相关领域的专家不少于3人。

（三）问卷调查内容

公众参与问卷调查中应包括以下基本内容：

1．对建设项目的了解程度；

2．对建设项目所在地环境现状的看法；

3．对空气环境质量影响的认可程度；

4．对地表水环境质量影响的认可程度；

5．对地下水环境质量影响的认可程度；

6．对声环境质量影响的认可程度；

7．对固体废物环境影响的认可程度；

8．对生态环境影响的认可程度；

9．对环境风险防控措施的认可程度；

10．对施工期环境影响的认可程度；

11．对项目建设必要性的认可程度；

12．对项目减缓不利环境影响的环保措施的意见和建议；

13．对项目建设最关心的问题；

14．是否同意项目建设；

15．对建设项目环保工作的预期。

根据建设项目的具体情况，必要时还应针对特定的问题进行补充调查。同时，应允许公众就其感兴趣的个别问题发表看法。

（四）座谈会

座谈会是建设项目利益相关方之间沟通信息、交换意见的双向交流过程。

座谈会讨论的内容应与公众意见问卷调查的主要内容一致。

座谈会召开的次数和地点可按照受直接影响公众的分布和数量情况确定。座谈会主要参加人以受直接影响的单位和个人代表为主，可邀请相关领域的专家、关注项目的研究机构和民间环境保护组织中的专业人士出席会议。

座谈会的主持人可由建设单位、设计单位或环评机构的代表担任。上述单位还应派代表出席，在座谈会开始前介绍项目情况，并在会议期间回答参会代表关于建设项目相关情况的疑问。

座谈会主办单位应在会前 5 日书面告知参加人座谈会的主要内容、时间、地点和主办单位的联系方式。

（五）论证会

论证会是针对某种具有争议性的问题而进行的讨论或辩论，并力争达成某种程度一致意见的过程。

论证会应设置明确的议题，围绕核心议题展开讨论。

论证会的次数应根据需讨论议题的数量和深度来确定。论证会的参加人主要为相关领域的专家、关注项目的研究机构、民间环境保护组织中的专业人士和具有一定知识背景的受直接影响的单位和个人代表。

论证会的主持人可由建设单位、设计单位或环评机构的代表担任。上述单位还应派代表出席，在论证会开始前介绍项目情况，并在会议期间回答参会代表关于建设项目相关情况的疑问。论证会的参会代表人数应在 15 人以内。

论证会主办单位应在会前 7 日书面告知参加人论证会的议题、时间、地点、参会代表名单、论证会主持人和主办单位的联系方式。

论证会主办单位应准备会议笔录和影音记录等资料，尤其要如实记录不同意见，并应得到 80%以上的参会代表签名确认。会后 5 日内应制作会议纪要，描述论证会的议题、时间、地点、参会人员、发言的主要内容和论证会结论。

（六）听证会

环评过程中的听证会是其他常规公众意见调查方法的补充，主要是针对某些特定环境问题公开倾听公众意见并回答公众的质疑，为有关的利益相关方提供公开和平等交流的机会。

建设项目重大环境风险，建设单位、环评机构或有关行政主管部门认为有必要针对有关环境问题进一步公开与公众进行直接交流的情况下，可考虑组织召开听证会。

听证会的程序和要求按照《环境影响评价公众参与暂行办法》（环发〔2006〕28 号）中的规定执行。

六、调查意见的核查

在项目环评技术评估阶段，报自治区环境保护厅审批环评的建设项目，须由自治区环境工程评估中心对其公众参与调查结果的真实性进行核查；报地方各级环境保护行政主管部门审批环评的建设项目，可由负责审批环评的环境保护行政主管部门可指定或授权技术评估组织对其公众参与调查结果的真实性进行核查。在项目环评审批阶段，负责审批环评的环境保护行政主管部门须随机抽取不少于20%的受调查公众进行核查。经抽查，凡与实际调查情况一致性低于 80%的，必须重新开展公众参与工作。对于环境影响评价公众参与工作中存在的调查范围过小、代表性差、未对不同意见进行反馈和说明、原始材料缺失、程序不符合要求甚至弄虚作假等问题的项目环境影响评价文件，一律不得通过技术评估和审批。

七、调查意见使用

建设单位或者其委托的环评机构应将两次征求的公众意见纳入环评报告书公众参与章节中，对未采纳的公众意见，应当作出说明，并将公众参与调查原始资料存档备查。受委托的环评机构应将征求的公众意见纳入环评报告中，对未采纳的公众意见应当作出说明，并将反对意见的原始资料作为环评报告的附件。

公众参与中有重大争议，超过 20%的公众有反对意见的项目，环境保护行政主管部门在项目环评审批前应采取座谈会、论证会等形式征询公众意见，必要时可召开听证会。座谈会、论证会、听证会等均应形成会议记录（应包括会议现场全程影像记录资料），经与会代表签字后存档。

八、监督和处罚

各级环境保护行政主管部门要加强对本辖区建设项目公众参与工作的指导和

监督，对建设项目公众参与违反《环境影响评价公众参与暂行办法》和本规定的，应及时向我厅报告。

对于通过环评审批并进入建设阶段的建设项目，在施工期出现重大信访情况或有群体性反对意见的，负责项目环评审批的环境保护行政主管部门应督促建设单位限期整改，逾期未整改到位的，暂停该项目建设，并开展社会稳定风险评估、环境影响后评价等，经审核符合规定后再予实施。

建设单位或受其委托的环评机构要对环境影响报告中公众参与章节的质量、真实性和结果负责。经环境影响评价公众参与核查部门确认存在公众参与工作重大失误或弄虚作假行为，致使公众参与结论失实的，对环评机构，将依据《建设项目环境影响评价资质管理办法》中的相关规定追究环评机构和人员的责任，向全区通报批评，并将违规行为纳入市场中介组织诚信体系档案，情节严重、造成社会恶劣影响的，向环境保护部建议予以停止相关环评机构和人员从事环评工作，降低环评机构环评资质等级或者吊销其资质证书等处罚；对建设单位，予以约谈、媒体曝光或企业（集团）环评限批等处罚。

九、附则

本规定由自治区环境保护厅负责解释。

本规定自发布之日起试行。